RAL · NEU 研究报告　No.0008

高强度低合金耐磨钢研制开发与工业化应用

轧制技术及连轧自动化国家重点实验室
（东北大学）

北　京

冶 金 工 业 出 版 社

2014

内 容 简 介

本书共分 7 章，前 5 章系统介绍了以高级别低合金耐磨钢 NM500 为研究对象的组织性能控制及其磨损性能情况，内容包括单一马氏体型低合金耐磨钢、马氏体-铁素体双相低合金耐磨钢和马氏体-纳米析出物低合金耐磨钢的组织性能控制及磨损性能；第 6 章介绍了系列低合金耐磨钢的工业化应用情况；第 7 章为本书的结论。

本书对冶金企业、科研院所从事钢铁材料研究和开发的科技人员、工艺开发人员具有重要的参考价值，可供从事冶金、矿山、电力、建材、煤矿等领域与耐磨钢铁相关的科研和工程技术人员参考。

图书在版编目(CIP)数据

高强度低合金耐磨钢研制开发与工业化应用/轧制技术及连轧自动化国家重点实验室(东北大学)著. —北京：冶金工业出版社，2014.12

(RAL·NEU 研究报告)
ISBN 978-7-5024-6783-8

Ⅰ.①高… Ⅱ.①轧… Ⅲ.①高强度—低合金钢—耐磨钢—研究 Ⅳ.①TG142.33

中国版本图书馆 CIP 数据核字(2014)第 248411 号

出 版 人 谭学余
地　　址　北京市东城区嵩祝院北巷 39 号　邮编　100009　电话　(010)64027926
网　　址　www.cnmip.com.cn　电子信箱　yjcbs@cnmip.com.cn
策　　划　任静波　责任编辑　卢　敏　李培禄　美术编辑　彭子赫
版式设计　孙跃红　责任校对　卿文春　责任印制　李玉山
ISBN 978-7-5024-6783-8
冶金工业出版社出版发行；各地新华书店经销；北京百善印刷厂印刷
2014 年 12 月第 1 版，2014 年 12 月第 1 次印刷
169mm×239mm；14 印张；219 千字；206 页
50.00 元
冶金工业出版社　投稿电话　(010)64027932　投稿信箱　tougao@cnmip.com.cn
冶金工业出版社营销中心　电话　(010)64044283　传真　(010)64027893
冶金书店　地址　北京市东四西大街 46 号(100010)　电话　(010)65289081(兼传真)
冶金工业出版社天猫旗舰店　yjgy.tmall.com
(本书如有印装质量问题，本社营销中心负责退换)

研究项目概述

1. 研究项目背景与立题依据

　　磨损、腐蚀和断裂是材料失效的三种主要形式。尽管磨损不会像腐蚀、断裂那样直接引起金属工件失效而带来灾难性的危害，但其引起设备零件失效，导致零件维修和更换频繁，使设备工作效率降低，从而消耗大量的能源和材料，也会造成巨大的经济损失。据不完全统计，世界能源的 1/3 ~ 1/2 消耗于摩擦磨损，且 80% 的机器零件失效是由磨损引起的。随着科学技术和现代工业的高速发展，机械设备的运转速度越来越高，受摩擦零件被磨损的速度也越来越快，其使用寿命越来越成为影响现代设备特别是高速运转的自动生产线生产效率的重要因素，磨损造成的机械零件失效也变得越来越突出。据中国工程院咨询研究报告统计，2006 年，我国因摩擦磨损造成的经济损失高达 9500 亿元，占全年 GDP 总量的 4.5%，而仅在钢铁、矿山和水泥行业重型装备的磨损件消耗就超过 400 亿元；2010 年，我国仅因磨损消耗的金属耐磨材料就达到 400 万吨以上。而在工业发达国家，机械设备及零件的磨损所造成的经济损失也占到国民经济总产值的 4% 左右。即使按发达国家造成损失占国民经济的 4% 计算，目前我国因摩擦磨损造成的损失也远超过 10000 亿人民币。

　　磨损不仅造成能源消耗、材料浪费，还造成经济上的巨大损失和社会资源的极大浪费。由于磨损，更换零部件时修理、停工所消耗的人力和物力及劳动生产率的降低造成的损失更为严重。此外，零部件的失效还会降低产品质量，甚至造成设备与人身事故，限制了工业向现代化方向的发展。随着科学技术的不断发展，机械零部件的服役工况越来越严酷，工作条件极其恶劣的工程、采矿等机械设备均要求其不但具有较高的耐磨性能，而且还能够承受强冲击和高应力，以此来延长设备的使用寿命。因此，解决磨损以此来减少磨损带来的损失，一直是工业界人士在设计、制造和使用各种机械设备时所需要考虑的首要问题。由此可见，研究开发新型高性能耐磨钢铁材料，以及广泛、深入地开展钢材磨损机理的研究，以此来提高耐磨钢的质量，降低由磨损造成的损失，对于国民经济的建设和发展是一件具有重要意义的工作。

低合金耐磨钢由于合金含量低、综合性能良好、生产灵活方便等优点而被广泛应用于工作条件恶劣，要求强度高、耐磨性好的工程、采矿、建筑、农业、水泥、港口、电力以及冶金等机械产品上，如推土机、装载机、挖掘机、自卸车、球磨机及各种矿山机械、抓斗、堆取料机、输料弯曲结构等。在 2007 年以前，我国仅个别企业可生产低级别的低合金耐磨钢板，如 NM360 和 NM400，且加入了较多的稀土等贵重合金元素，致使生产的钢板出现成本高、内应力大、冷弯成型性差等缺点。而高级别的低合金耐磨钢板，如 NM450 ~ NM600 等，则一直被国外钢铁公司如瑞典 SSAB、日本 JFE、德国 Dillingen 等所垄断，致使该类钢板的价格极高，且供货周期长。因此，我国在制造一些重大装备，如大型隧道盾构机、水泥制造球磨机、大型选矿机等的耐磨部件时，只能选用进口耐磨钢板。而其他普通装备，只是在关键部位部分使用国产的耐磨钢板，这样不但降低了设备的整体使用寿命，而且还增加了停机检修次数，加大了工人的劳动强度。

在这样的背景下，轧制技术及连轧自动化国家重点实验室（以下简称 RAL）进行了低合金耐磨钢的研制开发工作，研究在降低成本的同时，开发级别更高、韧塑性及耐磨性能更好的低合金耐磨钢板，以满足国内制造业的需求，为提高我国相关装备的寿命水平作出贡献。

2. 研究进展与成果

低合金耐磨钢主要用于工程机械、矿山机械、冶金机械及水泥化工等设备的生产制造。随着社会的不断进步，该类设备不断向着大型化、长寿化和轻量化的方向发展，对材料也提出了更高的要求，强度、硬度、韧性、塑性及耐磨性和成本控制等都是在该类材料在研制开发过程中需要考虑的重要问题。

RAL 从 2007 年起开始进行低合金耐磨钢的研制开发工作，并于 2009 年率先在首钢推广应用。到目前为止，RAL 研制的低合金耐磨钢板已经从最初研究的低级别耐磨钢 NM360 发展到现在的最高级别耐磨钢 NM600，从当初的单纯追求硬度来增加耐磨性能发展到现在的通过组织协同控制和微合金析出物控制来同时提高硬度和韧性，并增强耐磨性能。研发的耐磨钢大幅度降低了生产成本和提高了耐磨性能，变"贵族钢板"为"大众钢板"。研制的类型包括了低成本型、高韧性型和高耐磨性型等，不但满足了常规机械制造的需求，还满足了严寒等特许工况条件下机械制造的需求。

在生产成本和更高级别低合金耐磨钢板的研制开发上，RAL 针对研发初期国内仅有武汉钢铁公司和舞阳钢铁公司生产低级别耐磨钢 NM360、NM400 和添加较多合金元素的现状，研制出在普碳钢 Q345 的基础上添加少量的 Ti、Cr 和 B 的低成本 NM360、NM400，以及更高级别的低合金耐磨钢板 NM450、NM500、NM550 和 NM600，大幅度地降低了生产成本，满足了工程机械、矿山机械、冶金机械和水泥化工等装备制造的需求。

韧塑性问题是低合金耐磨钢研制开发过程中涉及的重要问题。耐磨性能与硬度的关系最为密切，得到良好的耐磨性必须使材料具有较高的硬度。而高硬度与韧塑性是一对矛盾，如何解决高硬度下的韧塑性问题，一直是该类钢研制的难点。同时，良好的韧塑性不但能够使所制造的机械设备具有更高的安全性，而且还能满足部分特殊工况条件如严寒地带的使用需求。部分研究表明，在同等硬度的条件下，提高材料的韧塑性对耐磨性也是有利的。在本研究中，采用轧制和两相区离线热处理相结合的方法，通过对实验钢的成分和工艺参数的控制，探索了合金成分和工艺参数对两相区热处理前铁素体的形态、比例分数的影响规律，分析了两相区热处理前的组织变化对两相区热处理后组织和性能的影响，研究了两相区热处理过程对实验钢中铁素体的形态、比例分数的影响规律，并对其三体冲击磨料磨损行为进行了分析，最终得到韧性较高、耐磨性优良的高级别低合金马氏体-铁素体双相耐磨钢。得到铁素体的体积分数在 3% ~ 6% 之间、-40℃ 冲击韧性大于 50J、耐磨性高于单一马氏体型的马氏体-铁素体双相耐磨钢，满足了严寒地带的需求并达到了提高耐磨性能的目的。

此外，研究一种在不增加或少增加碳含量的情况下同时提高材料硬度和耐磨性的钢种，一直是近年来耐磨材料研究工作者追求的目标。马氏体、马氏体-铁素体低合金耐磨钢增强耐磨性的机理主要是通过马氏体基体的高硬度和板条马氏体、马氏体-铁素体的韧性配合来实现的。然而，提高马氏体硬度时，不可避免地会增加碳含量，碳含量的增加会对钢的韧塑性、焊接性和机械加工性能等带来不利影响；提高马氏体-铁素体双相钢中铁素体的比例可以显著增加钢的韧塑性能，但是，当其比例过高时会较大幅度地降低钢的硬度，从而会给耐磨性带来不利影响。在本研究中，我们还探索了以"马氏体强韧基体＋纳米 TiC（或（Ti, Mo）C）硬质颗粒"为组织研究目标，通过对工艺过程的控制，最终得到具有较高硬度的板条马氏体基体上分布大量纳米级碳化钛（钼）的析出粒子，以此来进一步增强耐磨性能。最终得到的马氏体-纳米析出物高耐磨性型的相对耐磨性能是低马氏体成本型耐磨钢 NGNM500 的 1.23 倍、JFE-EH500 的 1.28 倍、DILLIDUR500V 的 1.72 倍。显示出极高的耐磨性能。

到目前为止，RAL 研究开发出级别从低到高，类型涵盖低成本型、高韧性型和超级耐磨型三种类型的低合金耐磨钢板 NM360～NM600，并推广应用至国内首钢、南钢、涟钢、湘钢以及武钢等大型钢铁企业。生产的钢板被应用于工程机械、矿山机械及冶金机械等设备部件的制造，并出口到英国、澳大利亚等十余个国家和地区，取得了良好的社会效益和经济效益。

本研究在实施过程中，获得了省部级一等奖一项、国家重点新产品两项（共三个级别）；同时，研究成果作为部分研究内容还获得了中国机械工业科学技术奖一等奖。

获得的科研奖励：

（1）高强度低合金系列耐磨钢板关键生产技术与应用，2011 年获得江苏省科学技术一等奖，获奖人：张逖、王昭东、黄一新、邓想涛、洪光涛、姜在伟、田勇、霍松波、曹艺、王道远、侯中华。

（2）多功能中厚板辊式淬火机成套装备及高等级钢板热处理工艺开发，2013 年获得中国机械工业科学技术奖一等奖，获奖人：王昭东、袁国、沈永耀、王国栋、王洪、王道远、刘建华、曹世海、付天亮、李勇、王超、李志恩、龙家林、霍松波、汪宏兵。

获得的国家重点新产品：

（1）高强度淬火耐磨钢板 NM400/NM450，2011。

（2）NM500 高级别耐磨钢板，2013。

项目推广应用情况：

（1）首钢总公司：低成本高性能耐磨钢 NM360～NM500 研制与开发。

（2）南京钢铁股份有限公司：高强耐磨钢板及高强结构钢板的调质工艺研究。

（3）南京钢铁股份有限公司：工程机械用高强度低合金耐磨钢板 NM450／NM500 产品的研制开发。

（4）湖南华菱湘潭钢铁有限公司：新型耐磨钢板 NM400、NM500 产品开发。

（5）湖南华菱涟源钢铁有限公司：工程机械用高强度耐磨钢板 NM450 研究开发。

（6）山西太钢不锈钢股份有限公司：高强度耐磨板高平直度淬火冷却模型及调质工艺开发。

（7）南京钢铁股份有限公司：工程机械用高强度耐磨钢板 NM550 研究与开发。

（8）南京钢铁股份有限公司：高等级耐磨钢板 NM600 研制开发。

（9）武汉钢铁股份有限公司：低成本工程机械用耐磨钢研制与开发。

3. 论文与专利

论文：

（1）Deng Xiangtao, Wang Zhaodong, Tian Yong, Fu Tianliang, Wang Guodong. An investigation of mechanical property and three-body impact abrasive wear behavior of a 0. 27% C dual phase steel[J]. Materials and Design, 2013, 49: 220～225.

（2）Deng X, Wang Z, Misra R D K, Li Y, Wang G. Transformation and precipitation behaviour of Ti-Mo bearing high strength medium-carbon steel[J]. Materials Science and Technology, 2013, 29(9):1112～1117.

（3）Deng Xiangtao, Wang Zhaodong, Han Yi, Zhao Hui, Wang Guodong.

Microstructure and abrasive wear behavior of medium carbon low alloy martensitic abrasion resistant steel[J]. Journal of Iron and Steel Research, 2014, 21(1):98 ~ 102.

(4) Cao Yi, Wang Zhaodong, Wu Di, et al. Effects of tempering temperature and Mo/Ni on microstructures and properties of lath martensitic wear-resistant steels[J]. Journal of Iron and Steel Research, International. 2013, 20 (4):70 ~ 75.

(5) Cao Yi, Wang Zhaodong, Wu Di, et al. Development and production of HSLA wear-resistant steel[C]. The 6th International Conference on High Strength Low Alloy Steels. Beijing, 2011.

(6) Deng Xiangtao, Wang Zhaodong, Misra R D K, Han Jie, Wang Guodong. Mechanical properties and precipitation behavior of Ti-Mo microalloyed medium-carbon steel during ultrafast cooling process[C]. THERMEC' 2013. Las Vegas, USA, 2013.

(7) Wang Zhaodong, Deng Xiangtao, Wang Bingxing, Tian Yong, Wang Guodong. New generation TMCP technology and its application to 960MPa high strength structural steel plates[C]. THERMEC' 2013. Las Vegas, USA, 2013.

(8) 邓想涛, 王昭东, 王国栋. 工艺参数对 NM500 耐磨钢力学性能和三体冲击磨料磨损性能的影响[J]. 材料热处理学报, 2012, 33(9):75 ~ 79.

(9) 邓想涛, 王昭东, 袁国, 王国栋. HB450 低合金超高强耐磨钢组织与性能[J]. 东北大学学报(自然科学版),2010, 31(7):942 ~ 946.

(10) 邓想涛, 王昭东, 张逖, 袁国, 付天亮, 王国栋. HB450 低合金超高强耐磨钢回火过程中的组织性能演变[J]. 钢铁, 2011, 46(5):60 ~ 63.

(11) 王昭东, 邓想涛, 曹艺, 袁国, 王国栋, 顾林豪, 宋增强. 新型低成本超高强低合金耐磨钢研究及其工业化应用[J]. 钢铁, 2010, 45(8):60 ~ 64.

(12) 王日清, 邓想涛, 王昭东, 袁国, 王国栋. 含 Ti 低合金超高强耐磨钢的连续冷却相变行为[J]. 钢铁研究学报, 2011, 23(5):55 ~ 58.

(13) 付天亮, 邓想涛, 王昭东, 王国栋. 超快速冷却工艺对中碳钢组织性能的影响[J]. 东北大学学报 (自然科学版),2010, 31(3):370 ~ 373.

（14）邓想涛，王昭东，王日清，袁国，郭朝海，王国栋. 低合金超高强耐磨钢在线热处理工艺研究[C]. 高品质热轧板带材控轧控冷与在线、离线热处理生产技术交流研讨会. 江苏，宜兴，2009.

（15）曹艺，王昭东，吴迪，等. NM400 高强度低合金耐磨钢的组织与性能[J]. 东北大学学报（自然科学版），2011，32（2）：241～244.

（16）曹艺，王昭东，吴迪，等. Mo 和 Ni 对低合金耐磨钢连续冷却转变的影响[J]. 材料热处理学报，2011，32（5）：74～78.

（17）曹艺，王昭东，姜在伟，等. 高强韧性低合金耐磨钢的开发及性能[J]. 轧钢，2011，27（6）：3～7.

（18）曹艺，王昭东，吴迪，等. 变形及合金元素对 NM400 连续冷却转变的影响[J]. 热加工工艺，2011，40（22）：1～4.

（19）曹艺，王昭东，邓想涛，等. 热处理对低合金耐磨钢 K400 组织性能的影响[J]. 钢铁研究，2011，39（5）：35～38.

（20）曹艺，王昭东，吴迪，等. 高强低合金 NM400 耐磨钢板的轧制及热处理工艺实验研究[C]. 2009 年全国高质量热轧板带材控轧控冷与在线、离线热处理生产技术交流研讨会. 江苏，宜兴，2009.

（21）张逊，曹艺，王昭东，等. 奥氏体化温度对微硼耐磨钢组织性能的影响[J]. 材料与冶金学报，2013，12（1）：62～66.

专利：

（1）王昭东，曹艺，吴迪，王国栋. 一种高强度低合金耐磨钢板及其制造方法，2011，中国，ZL200910013569.0.

（2）王昭东，曹艺，吴迪，张逊，梁江民. 一种高强度高韧性低合金耐磨钢及其制造方法，中国，ZL201010200002.7.

（3）王昭东，邓想涛，袁国，王国栋. 高韧性超高强度耐磨钢板及其生产方法，申请号 CN101638755A.

（4）姜在伟，张逊，王新，王昭东，邓想涛. 一种 HB500 级低锰耐磨钢板的制造方法，中国，ZL201110347184.5.

（5）王昭东，顾林豪，刘印良，刘春明，姜中行，王文军，邓想涛，宋增强. 一种低成本高强度耐磨钢板及其生产方法，申请号 CN101928891A.

4. 项目完成人员

本报告主要是在王国栋院士和王昭东教授的指导下完成的，具体的完成人员介绍如下。

主要完成人员	职　称	单　　位
王国栋	教授（院士）	东北大学 RAL 国家重点实验室
王昭东	教授	东北大学 RAL 国家重点实验室
邓想涛	博士	东北大学 RAL 国家重点实验室
曹艺	博士	东北大学 RAL 国家重点实验室
韩杰	硕士	东北大学 RAL 国家重点实验室
郭秀斌	硕士	东北大学 RAL 国家重点实验室
黄龙	硕士	东北大学 RAL 国家重点实验室
张雨佳	硕士	东北大学 RAL 国家重点实验室

5. 报告执笔人

邓想涛、王昭东、王国栋。

6. 致谢

磨损每年给我国经济造成巨大的损失。研究磨损，开发高性能的耐磨钢铁材料，以此减少磨损造成的损失、提高装备的使用寿命是一个永久性的课题，需要大量研究工作者长期不懈的努力。

本项研究能够得以顺利实施和较大范围的推广应用，离不开王国栋院士和王昭东教授的细心指导、亲切关怀和大力推广，研究过程中的每一份成就都凝结着二位老师的心血和智慧。

本项研究还得到许多企业工作人员的帮助和支持，如秦皇岛首秦金属材料有限公司刘印良部长、宋增强工程师，首钢技术研究院姜中行所长、王全礼副院长、顾林豪工程师，南京钢铁股份有限公司张逖副部长、刘丽华副部长、霍松波副主任、姜在伟、刘涛、陈林恒、王新等工程师，涟源钢铁股份有限公司成小军总工、肖爱达首席、钱钧、汪宏斌工程师，太钢临汾钢铁有限公司李志恩主任、陆淑娟、王高田、段双霞工程师，湘潭钢铁股份有限公司刘建兵主任、郑健工程师，武汉钢铁股份有限公司罗明厂长、习天辉首席、胡伟东科长、胡唐国、周佩工程师等，在此对他们表示衷心的感谢。

在研究和报告的撰写过程中，还有许多专家参与了讨论并提供了建设性的意见，美国路易斯安那大学拉斐特分校 Misra 教授、北京科技大学傅杰教授、北京矿冶研究总院于月光副院长、钢铁研究总院雍岐龙教授等都为报告提出了十分有价值的意见与建议，在此向他们致以诚挚的谢意。

本研究还得到了首钢集团秦皇岛金属材料有限公司、南京钢铁股份有限公司、湖南华菱涟源钢铁有限公司、湘潭钢铁股份有限公司、太钢集团临汾钢铁有限公司和武汉钢铁股份有限公司与"973"项目"第三代高强高韧低合金钢精细组织的研究"经费上的资助，在此对提供支持的单位和研究机构表示诚挚的感谢。

本研究在实施的过程中还得到了课题组李勇老师、田勇老师、袁国老师、付天亮老师、王丙兴老师、韩毅老师、李家栋老师以及王超博士等在实验及推广过程中提出的建设性意见和建议，在此对他们表示衷心的感谢。

感谢所有为高强度低合金耐磨钢研制开发和推广应用做出贡献的人。

目　录

摘　　要

　　磨损是材料失效的主要形式之一。据统计，80%以上的机械材料消耗于磨损，50%以上的装备恶性事故起因于过度的磨损和润滑失效。因此，开发高性能的耐磨钢铁材料，对减少材料磨损过程中的损失、提高机械装备的使用寿命有着至关重要的意义。低合金耐磨钢作为一种重要的耐磨钢铁材料，因合金含量低、综合性能良好、生产灵活方便及价格便宜等特点，被广泛地应用于工程机械、矿山机械及冶金机械等设备的生产制造。本研究首先以高级别的低合金耐磨钢NM500为研究对象，对其成分、组织进行设计，研究所设计成分体系下的马氏体、马氏体-铁素体和马氏体-纳米碳化物的控制情况，并分析了其控制工艺过程与组织、力学性能和三体冲击磨料磨损性能的关系，为开发出马氏体型低成本、马氏体-铁素体型高韧性和马氏体-纳米碳化物型高耐磨性的低合金耐磨钢板提供参考。然后将研究NM500得到的规律应用于其他各级别耐磨钢板如NM360～NM600的研制开发，分析了工业生产得到各级别耐磨钢的组织和性能，并对其耐磨性进行评价。本研究的主要内容和创新如下：

　　（1）针对传统低合金耐磨钢中添加较多Ni、Mo等贵重合金甚至是稀土元素成本较高的缺点，首次采用在普通C-Mn钢的基础上加入少量Cr和B元素的低成本成分体系，开发出系列低合金耐磨钢板，其耐磨性能高于国外同等级别耐磨钢水平。

　　研究了该类钢的连续冷却相变行为、热处理前的热变形及热变形后的冷却工艺、热处理过程中的淬火和回火工艺对实验钢的强韧性控制单元如原始奥氏体晶粒尺寸、Block尺寸、Lath尺寸和析出物的影响规律，并分析了其与实验钢的力学性能和三体冲击磨料磨损性能的关系。结果表明，较低温度的控制轧制后控制冷却至贝氏体区间，然后在880～900℃淬火和170～190℃回火可得到极高的硬度和良好的韧性配合，此时其耐磨性能最高。

　　分析了低温回火过程碳化物的析出情况与三体冲击磨料磨损的关系。结果表明，在低温回火初期，实验钢中出现 50～100nm 的长条状 ε-Fe_xC，该类碳化物能够增加材料的硬度，且对韧性损伤不大，有利于增强材料的三体冲击磨料磨损性能；随着回火温度的上升，出现了大量的 Fe_3C，该类碳化物聚集在原始奥氏体晶界周围，有利于裂纹的扩展，促进了断裂的发生，不利于材料的三体冲击磨料磨损性能。

（2）针对严寒地带等特殊工况条件对钢材 -40℃ 低温冲击韧性的需求，提出采用两相区热处理的方法得到马氏体-铁素体双相钢来改善低温冲击韧性，进而达到改善耐磨性能和在严寒地带等特殊工况条件下应用的目的。

研究了铁素体形态和数量的控制方法，并分析了其对实验钢组织、力学性能和三体冲击磨料磨损性能的影响。结果表明，通过合金元素钼或热处理前的轧制和轧后冷却工艺控制，得到组织细小的针状铁素体或粒状贝氏体，然后在 A_{c3} 以下 10℃ 左右的温度下进行两相区热处理，可得到铁素体的体积分数在 3%～6% 之间、-40℃ 冲击韧性大于 50J、耐磨性高于单一马氏体型的马氏体-铁素体双相耐磨钢，满足了严寒地带的需求并达到了提高耐磨性能的目的。

（3）提出了在高强韧板条马氏体基体上分布大量纳米碳化钛（钼）的方法来进一步增强钢铁材料耐磨性的思想，实现了"板条马氏体强韧性基体 + 纳米级 TiC（或(Ti,Mo)C）硬质颗粒状碳化物"的组织控制目标，达到了改善耐磨性能的目的。

通过轧制及轧后冷却过程的工艺控制，得到大量、细小、弥散分布的纳米析出物，然后在离线热处理阶段对其保留并控制其长大和溶解，在随后淬火和低温回火时可得到马氏体上分布纳米碳化物的组织。研究了连续冷却相变过程、轧后冷却过程、离线淬火过程和回火过程中钛微合金化实验钢的碳化物、组织和力学性能的变化规律，分析了析出物控制对三体冲击磨料磨损性能的影响。结果表明，轧后采用超快速冷却至 630℃ 的贝氏体相变区间，并随炉缓冷至室温，然后离线加热至 880℃ 保温 10min 淬火，并在 180℃ 下回火，可得到马氏体基体上分布大量纳米 TiC 和 (Ti,Mo)C 的实验钢，此时，耐磨性能最佳。

（4）研究了单一马氏体低成本型、马氏体-铁素体高韧性型和马氏体-纳米析出物高耐磨性型实验钢的三体冲击磨料磨损行为，并阐明了各自的磨损机理。

三体冲击磨料磨损性能分析表明，单一马氏体低成本型耐磨钢的相对耐磨性能是日本 JFE 生产的 JFE-EH500 的 1.04 倍，德国迪林根生产的 DILLIDUR500V 的 1.33 倍；马氏体-铁素体高韧性型耐磨钢的相对耐磨性能是单一马氏体钢的 1.17 倍；马氏体-纳米析出物高耐磨性型的相对耐磨性能是单一马氏体低成本型耐磨钢 NGNM500 的 1.23 倍、JFE-EH500 的 1.28 倍、DILLIDUR500V 的 1.72 倍。

在单一马氏体低成本型耐磨钢和马氏体-铁素体双相高韧性耐磨钢中，其耐磨性是硬度和低温冲击韧性共同作用的结果，只有在硬度和韧性良好配合的情况下才能得到更高的耐磨性能；而在马氏体-纳米析出物高耐磨性型耐磨钢中，其耐磨性除了受硬度和低温冲击韧性影响外，还受纳米析出物的影响。纳米析出物的细晶强化、析出强化作用及自身的高硬度是其耐磨性提高的原因。

（5）将低合金耐磨钢 NM500 研究得出的单一马氏体耐磨钢的组织性能变化规律推广应用至 NM360～NM600 的其他各级别的耐磨钢板的生产，分析了工业化大生产得到的组织、力学性能及其耐磨性能。

各级别耐磨钢板工业化大生产的结果表明，得到的组织均为细小的板条马氏体，力学性能远超国标要求；耐磨性能测试表明，本研究得到的低成本低合金耐磨钢耐磨性能良好，其中 NM400 是日本 JFE 生产的 JFE-EH400 的 1.28 倍，NM450 是瑞典 SSAB 生产的 Hardox450 的 1.03 倍，NM500 是日本 JFE 生产的 JFE-EH500 的 1.04 倍、德国迪林根生产的 DILLIDUR500V 的 1.33 倍，表现出优异的耐磨性能。

本研究结果被推广应用至国内首钢、南钢、涟钢、湘钢以及武钢等大型钢铁企业。生产的钢板被应用于工程机械、矿山机械及冶金机械等设备部件的制造，并出口到英国、澳大利亚等十余个国家和地区，同时还获得了 2012 年江苏省科学技术奖一等奖和 2011 年、2013 年国家重点新产品称号，取得了良好的社会效益和经济效益。

关键词：低合金；耐磨钢；轧制；热处理；两相区；马氏体；铁素体；析出；三体冲击磨料磨损；工业化生产；性能

1 绪　论

1.1　引言

　　磨损、腐蚀和断裂是材料失效的三种主要形式。尽管磨损不会像腐蚀、断裂那样直接引起金属工件失效而带来灾难性的危害，但其引起设备零件失效，导致零件维修和更换频繁，使设备工作效率降低，从而消耗大量的能源和材料，也会造成巨大的经济损失。据不完全统计[1,2]，世界能源的 $1/3 \sim 1/2$ 消耗于摩擦磨损，且 80% 的机器零件失效是由磨损引起的。随着科学技术和现代工业的高速发展，机械设备的运转速度越来越高，受摩擦零件被磨损的速度也越来越快，其使用寿命越来越成为影响现代设备特别是高速运转的自动生产线生产效率的重要因素，磨损造成的机械零件失效也变得越来越突出。据中国工程院咨询研究报告统计，2006 年，我国因摩擦磨损造成的经济损失高达 9500 亿元，占全年 GDP 总量的 4.5%，而仅在钢铁、矿山和水泥行业重型装备的磨损件消耗就超过 400 亿元；在 2010 年，我国仅因磨损消耗的金属耐磨材料达到 400 万吨以上[3]。而在工业发达国家，机械设备及零件的磨损所造成的经济损失也占到国民经济总产值的 4% 左右。即使按发达国家造成损失占国民经济的 4% 计算，目前我国因摩擦磨损造成的损失也远超过 10000 亿人民币。

　　磨损不仅造成能源消耗、材料浪费，还造成经济上的巨大损失和社会资源的极大浪费。由于磨损，更换零部件时修理、停工所消耗的人力和物力及劳动生产率的降低造成的损失更为严重。此外，零部件的失效，还会降低产品质量，甚至造成设备与人身事故，限制了工业向现代化方向的发展。随着科学技术的不断进步，机械零部件的服役工况越来越严酷，工作条件极其恶劣的工程、采矿等机械设备均要求其不仅具有较高的耐磨性能，而且还能够承受强冲击和高应力，以此来延长设备的使用寿命。因此，解决磨损以此来减少磨损带来的损失，一直是工业界人士在设计、制造和使用各种机械设备时所需要考虑的首要问题。由此可见，研究开发新型高性能耐磨钢铁材料，以及广泛、深入地开展钢材磨损机理的研究，以此来提高耐磨钢的质量、降低由磨损造成的损失，对于国民经济的建设和发展是一件具有重要意义的工作。

1.2 低合金耐磨钢概述

目前，工业中最广泛应用的耐磨钢铁材料主要有三大类：高锰钢、耐磨铸铁（钢）和低合金耐磨钢[4]。高锰钢是传统的耐磨材料，具有较高的韧性，但其耐磨性在很大程度上取决于工况条件。在冲击严重、应力较大的条件下，高锰钢不失为优越的耐磨材料，但在冲击载荷不大、应力较小的条件下，高锰钢的优越性得不到充分发挥，其耐磨性并不高[5~9]。高铬铸铁（钢）即所谓第二代耐磨材料，是目前国内外公认的耐磨性能（特别是耐磨料磨损性能）最好的材料。它的特点[10~15]是在马氏体（奥氏体）基体上镶嵌着维氏硬度高达 $1300 \sim 1800HV$ 的 M_7C_3 碳化物，这种碳化物不以网状出现，因此，其韧性比一般白口铸铁要好，用这类材料制成的易损件在许多工况条件下表现出很小的磨损失重和很长的使用寿命。但是，由于它含有大量的铬镍等稀缺元素，且生产工艺要求严格复杂，以及它本身固有的脆性等缺点，限制了这种材料的大量推广使用[16]。

针对高锰钢应用场合的局限性和耐磨铸铁（钢）成本高的缺点，结合耐磨钢的工况条件及资源现状，近年来科研人员采用轧制和热处理相结合得到高硬度（布氏硬度 $235 \sim 400HB$）的生产方法，开发出低合金耐磨钢板。该类钢板不但具有优良的强韧性、耐磨性和耐蚀性，而且生产成本相对较低，适用于较多耐磨零件的制造[17,18]。由于具有优良的综合性能，该类钢作为一种重要的耐磨钢铁材料，目前在工程、采矿、建筑、农业、水泥、港口、电力以及冶金等机械产品上得到较为广泛的应用，如推土机、装载机、挖掘机、自卸车、球磨机及各种矿山机械用的抓斗、堆取料机、输料弯曲结构等。随着用量和使用范围的进一步扩大，磨损带来的损失越来越显著，也引起了科研人员和设计人员的高度重视。开发更高级别、耐磨性能更好和成本更低的低合金耐磨钢铁材料，研究其磨损机理，成为迫切需要解决的问题。此外，研究和开发高性能的低合金耐磨钢铁材料并分析其磨损机理，对提升我国相关机械装备质量、减少设备维修次数和提高设备使用寿命也有着极其重要的意义。

1.3 低合金耐磨钢对性能的要求

低合金耐磨钢主要应用于工程机械、矿山机械、冶金机械及水泥等设备的生产制造。随着社会的不断进步，该类设备不断向着大型化、长寿化和轻量化的方向发展，对材料的要求也越来越高，对材料的强度、硬度、韧性、塑性及成本控制等方面都提出了更高的要求。以下分别从该类材料的硬度、韧塑性以及各企业和国家标准对该类钢的性能要求等几个方面作详细叙述。

1.3.1 硬度要求

在耐磨钢中，硬度与耐磨性的关系最为密切，部分情况下甚至可以认为硬度是低合金耐磨钢耐磨性的主要判据。对于切屑磨损，根据拉宾诺维奇公式[19]可知，磨损率为：

$$W = KPH^{-1}$$

式中　W——磨损率；

　　　P——外加载荷；

　　　H——材料硬度；

　　　K——与材料相关的磨损系数。

在外载荷一定的情况下，材料的耐磨性 $W^{-1} = K_1 H$。因此，在工况条件一定的情况下，硬度是直接决定抵抗切削磨损的因素，提高材料的硬度可以增加材料的抗切屑磨损性能。对于疲劳磨损，其磨损率可表示为[20]：

$$W = K(H\varepsilon_f)^{1/c} F_N$$

式中　K, c——常数；

　　　ε_f——断裂韧性；

　　　H——硬度；

　　　F_N——外加载荷。

从式中可以看出，钢铁材料的疲劳磨损与硬度和断裂韧性的乘积密切相关，在韧性一定的情况下，提高材料的硬度同样有利于提高材料的疲劳磨损性能。对于腐蚀磨损，由于在摩擦副接触的表面间有环境介质的参与，因此在磨损的同时会发生化学反应而形成反应膜，该反应膜在磨损过程中的机械作用下逐渐破裂脱落，从而导致表层材料的流失。根据 Quinn 给出的腐蚀磨损率公式[21]：

$$W = k''(\xi^2 P^2)^{-1} dH^{-1} F_N v^{-1}$$

式中　k''——氧化反应的速度因子；

$\quad\quad d$——微凸体接触直径；

$\quad\quad P$——反应膜厚度；

$\quad\quad \xi$——反应膜临界厚度；

$\quad\quad H$——磨损材料的硬度；

$\quad\quad v$——滑动速度；

$\quad\quad F_N$——外加应力。

可以看出，材料的腐蚀磨损也与材料的硬度有着较为密切的关系，在其他条件相同时，提高材料的硬度同样可以增加材料的抗腐蚀磨损性能。此外，刘家俊等[22]研究了油膜润滑条件下氧化膜的形成与脱落过程，也认为氧化膜的脱落与材料基体的硬度有关。从上述科研人员得到的各类磨损的磨损率公式可以看出，硬度均对耐磨性起着至关重要的作用。

关于硬度与耐磨性的关系，日本JFE 公司以 SiO_2 为磨料，对其生产的低合金耐磨钢在 ASTMG-65 测试条件下进行磨损分析，得到了其硬度与相对耐磨性的关系曲线如图 1-1 所示[23]。从图上可以看出，当布氏硬度在 300HB 及其以下时，随着硬度的增加，相对耐磨性增加趋势较小；当布氏硬度超过 300HB 时，随着硬度的增加，相对耐磨性几乎呈线性方式增加。而在常用的低合金耐磨钢中，其

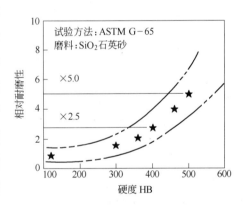

图 1-1　JFE 生产的低合金耐磨钢硬度与相对耐磨性的关系

布氏硬度均超过300HB，因此，提高该类低合金耐磨钢的耐磨性最有效的方法是增加材料的硬度。

而硬度除了与碳含量和合金元素含量有着密切的关系外，还与组织的类型有关。在相同组织情况下，在各种元素中，碳含量对硬度的影响最大。图 1-2 给出了在淬火条件下得到全马氏体时的碳含量与硬度的关系曲线[24]。从图 1-2 可以看出，随着碳含量的增加，得到全马氏体时的硬度几乎是呈线性增加趋势，

即增加碳含量可以直接提高淬火条件下得到全马氏体钢的硬度。而硬度与组织的关系也非常密切，图1-3给出了同种成分条件下钢的组织类型、硬度和耐磨性的关系曲线[25]。从图1-3可以看出，材料的硬度与组织类型密切相关。在成分相同的条件下，得到马氏体组织的硬度远高于铁素体和珠光体组织的硬度，且随着硬度的提高，磨损失重逐渐降低，耐磨性提高。结合图1-2和图1-3可知，可通过增加碳含量来提高马氏体的硬度，从而达到提高耐磨性的目的。

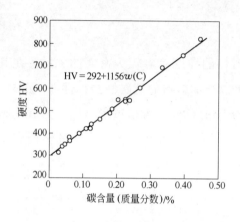
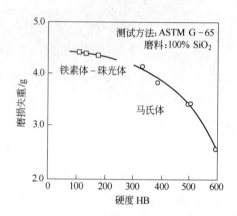

图1-2　全马氏体淬火状态下硬度和碳含量的关系　　图1-3　组织、硬度和磨损失重的关系

（橡胶轮磨损测试）

　　然而，在增加硬度的同时，不可避免地会造成材料韧、塑性的损失。韧、塑性差的材料在遭受磨损时，会产生剥落甚至是脆断，不利于材料的耐磨性和服役安全性能。因此，在低合金耐磨钢铁材料中，除了会对材料的硬度有特殊要求外，对韧、塑性也会提出相应的要求。

1.3.2　韧性和塑性要求

　　良好的韧、塑性是材料安全性的保障。同时，在硬度相同的情况下，提高材料的韧、塑性还能够提高其耐磨性能。然而，材料的硬度和韧性、塑性是一对矛盾的问题，在提高韧性和塑性的同时不可避免地会造成材料的强度和硬度的损失。此外，从低合金耐磨钢的主要应用工况及切削、疲劳、腐蚀磨损率公式可以看出，低合金耐磨钢在被应用于工程机械、矿山机械等过程中，均需要一定的韧塑性来保证抗断裂等，以此来确保材料服役过程的安全性。因此，一定的韧塑性对于低合金耐磨钢来说，无论是从所制作装备的耐磨性还是从安全性来考虑，都是非常有必要的。

张清等[26]在对不同强化机制的合金钢磨损性能研究中，提出了以磨削形成的断裂强度评定材料耐磨性的方法：

$$\sigma_m = \sigma'_m + \int_{\varepsilon_m}^{\varepsilon_f} \frac{d\sigma}{d\varepsilon} d\varepsilon \qquad (1\text{-}1)$$

式中，σ'_m 为产生微量塑变所需要的应力，可以用材料的硬度来衡量；ε_m 为材料开始明显塑变时的应变；ε_f 为磨削形成时的应变能；$d\sigma/d\varepsilon$ 为应变硬化速率。

在低应力磨损时第一项起主要作用，当遭受高应力磨损时，第二项起主要作用，即高的应变硬化速率和应变能力能够得到良好的耐磨性能。

在遭受以应力和应变疲劳机制为主的磨损工况条件下，郑华毅[27]等提出了磨损率的关系式：

$$W = C_1 \frac{P}{H^b} + C_2 \left(\sigma_s \varepsilon_n + \frac{k}{n+1} \varepsilon_n^{n+1} \right) \qquad (1\text{-}2)$$

式中　　　　P——外加载荷；

　　　　　　H——材料硬度；

　　　　　　σ_s——屈服极限；

　　　　　　ε_n——材料产生缩颈时的应变；

　　　　　　n——形变硬化指数；

C_1，C_2，k，b——均为有关系数。

式中第一项表示由应力疲劳引起的磨损，与材料的硬度有关；第二项表示应变疲劳引起的磨损，与材料的屈服强度、缩颈应变、形变硬化指数等参数有关。可见，在高应力磨损、应变疲劳磨损等情况下，材料的耐磨性不仅取决于硬度，而且与其强度、韧性、塑性、加工硬化性能等都有着密切的关系。

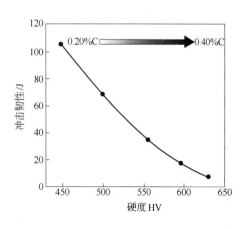

图 1-4 给出了淬火状态得到全马　图 1-4　全马氏体状态下硬度与冲击韧性的关系

氏体情况下硬度和冲击韧性的关系[24]。从图上可以看出，在淬火得到全马氏体的状态下，材料的韧性随着硬度的增加而呈降低趋势，当维氏硬度增加到600HV 以上时，冲击韧性的值降低到了 20J 以下。因此，如何处理硬度和韧性的关系，达到硬度和韧性的良好配合，从而最大化地提高耐磨性能，是研究工作者需要关注的一个重要的科学问题。

提高韧性最简单也是最有效的方法是细化晶粒，该方法不但可以提高材料的韧性，而且还可以提高材料的强度与硬度。图 1-5 给出了某成分体系下低合金钢在淬火得到全马氏体状态时原始奥氏体晶粒尺寸与低温冲击韧性的关系曲线[28]。从图上可以看出，减小原始奥氏体晶粒尺寸可以明显提高钢的低温冲击韧性。然而，细化原始奥氏体晶粒尺寸，除了要求在合金设计时添加较多的细化晶粒元素

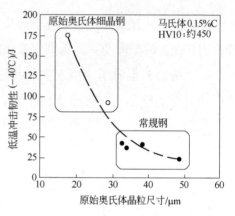

图 1-5 淬火得到全马氏体状态下原始奥氏体晶粒尺寸与低温冲击韧性的关系

外，还需对生产过程中的设备提出部分特殊要求，不但会增加生产成本，而且对其大面积的推广应用也会有一定的限制。

除了细化原始奥氏体晶粒尺寸可以直接提高淬火钢铁材料的韧性外，在材料的基体组织上保留部分韧性相也是一种重要的方法，如双相钢和复相钢等。在马氏体钢中保留一定量的铁素体组织，得到马氏体-铁素体双相钢。在该类钢中，当马氏体和铁素体的比例和形态控制恰当时，可以显著提高材料的韧、塑性能[29,30]。图 1-6 给出了高马氏体双相钢中马氏体的体积分数与冲击韧性和伸长率的关系[30]。可以看出，在马氏体的体积分数在60% 左右时，冲击韧性达到最大值，随着体积分数的进一步增加，冲击韧性下降，但仍高于低马氏体体积分数时的值；从伸长率与马氏体体积分数的关系曲线上可以看出，当马氏体的体积分数在 50% 左右时，伸长率达到最大值，随着马氏体体积分数进一步增加，伸长率下降。因此，可以通过改变马氏体-铁素体双相钢中马氏体和铁素体的比例来实现其强度和韧性的良好配合。

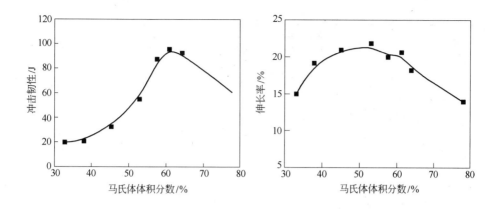

图 1-6　马氏体-铁素体双相钢中马氏体体积分数与低温冲击韧性和伸长率的关系

1.3.3　国内外企业及我国国标的性能要求

低合金耐磨钢在国外发展较早，在 20 世纪六七十年代，国外部分钢厂就开始了低合金耐磨钢板的研制和开发工作。该类钢板最早是在低合金高强度可焊接钢的基础上发展起来的，采用 Cr、Ni、Mo 等元素合金化，利用"淬火＋低温回火"的热处理工艺或"轧后直接淬火＋回火"工艺实现[31]。其显微组织多以马氏体硬相组织为主，也有些是以贝氏体为主的组织，一般都具有较高的强度、硬度和一定的韧性。

随着低合金耐磨钢的研发，部分钢铁企业组织该类钢的生产工作，并制定了系列企业牌号和标准[32,33]。下面讨论和说明国际上几个主要生产低合金耐磨钢的钢铁企业生产的典型厚度规格的力学性能及其特点。表 1-1 给出了瑞典 SSAB 公司给出的各级别低合金耐磨钢典型厚度规格的力学性能。从表中可以看出，SSAB 生产的 Hardox 系列耐磨钢除了明确规定硬度要求的范围，还对 -40℃的低温冲击韧性给出了典型值。同时，该企业还根据部分用户的厚规格使用需求，开发出厚度达到 120mm 的 Hardox HiTuf 系列厚规格低合金耐磨钢板。

表 1-1　瑞典 SSAB 公司系列耐磨钢板力学性能典型值

牌　号	厚度/mm	屈服强度 $R_{p0.2}$/MPa	抗拉强度 R_m/MPa	伸长率 A_5/%	-40℃冲击功 A_{KV2}/J	硬度 HBW
Hardox HiTuf	40 ~ 70	950	980	16	95	310 ~ 370
	(70) ~ 120	850	900	16	70	310 ~ 370

牌　号	厚度/mm	屈服强度 $R_{p0.2}$/MPa	抗拉强度 R_m/MPa	伸长率 A_5/%	-40℃冲击功 A_{KV2}/J	硬度 HBW
Hardox400	20	1000	1250	10	45	370~430
Hardox450	20	1200	1450	10	40	425~475
Hardox500	20	—	—	—	30	470~530
Hardox550	20	—	—	—	30	525~575
Hardox600	20	—	—	—	20	570~640
Hardox Extreme	10/25	—	—	—	—	700/650

日本 JFE 是世界上生产低合金耐磨钢较早的国家之一。该公司在20世纪80年代就进行了系列低合金耐磨钢的研制开发工作，并针对不同的用户需求，研制出不同系列的低合金耐磨钢板。尤其是针对严寒地带使用情况及低温冲击韧性要求较高的客户，该公司还专门开发出来高韧性型的低合金耐磨钢板。表1-2给出了 JFE 公司的不同类型和不同级别的低合金耐磨钢典型厚度的力学性能的规定。从表中可以看出，JFE 的标准型低合金耐磨钢板并不保证其低温冲击韧性，只给出了硬度的最低值；而在合金型时，除了规定了硬度的范围外，还给出了常温下的冲击值；在高韧性型方面，该公司明确提出了能够满足 -40℃ 的低温冲击需求。关于厚度20mm的高韧性耐磨钢板力学性能，-40℃的低温冲击韧性达到42J，表现出极佳的低温冲击韧性性能。

表1-2　日本 JFE 公司系列耐磨钢板力学性能典型值

类型	牌　号	厚度 /mm	屈服强度 $R_{p0.2}$/MPa	抗拉强度 R_m/MPa	伸长率 A_{50}/%	冲击功 A_{KV2}/J	硬度 HBW
标准型	JFE-EH360	19	1083	1246	20.8	—	385
	JFE-EH400	19	1163	1316	19.8	—	442
	JFE-EH500	19	1297	1449	17.7	—	508
合金型	JFE-EH360A	19	1147	1203	23.9	156(20℃)	388
	JFE-EH500A	20	1321	1516	22.9	65(20℃)	542
高韧性型	JFE-EH360LE	19	1058	1308	23.0	61(-40℃)	411
	JFE-EH400LE	20	1121	1342	19.6	45(-40℃)	450
	JFE-EH500LE	20	1203	1681	17.0	42(-40℃)	502

德国 Dillingen 公司在较厚规格低合金耐磨钢板研制开发方面有着独特的经验，其中牌号为 DILLIDUR 400V 的产品，最大厚度可生产至150mm，牌号

为 DILLIDUR 450V 和 DILLIDUR 500V 的产品也均能生产至 100mm 厚的规格。厚规格耐磨钢的生产，为丰富低合金耐磨钢的各种应用提供了补充。表 1-3 给出了迪林根公司生产的各级别钢板典型规格的力学性能情况。从表中可以看出，该公司除了在低级别的耐磨钢板 DILLIDUR 400V 时给出 −40℃ 的低温冲击韧性外，在其他级别上，给出的则均是 −20℃ 的低温冲击韧性值。

表 1-3　德国 Dillingen 公司系列耐磨钢板力学性能典型值

牌　号	厚度 /mm	屈服强度 $R_{p0.2}$/MPa	抗拉强度 R_m/MPa	伸长率 A/%	冲击功 A_{KV2}/J	硬度 HBW
DILLIDUR 400V	20	1000	1300	12	30（−40℃）	370~430
DILLIDUR 450V	20	1200	1500	11	30（−20℃）	420~480
DILLIDUR 500V	19	1300	1650	8	25（−20℃）	470~530

2009 年，由济南钢铁公司牵头，联合冶金工业信息标准研究院、舞阳钢铁有限责任公司和湖南华菱涟源钢铁有限公司，也起草了我国工程机械用低合金耐磨钢板国家标准。该标准参考了国际上各大企业生产低合金耐磨钢的企业内部标准，并结合我国实际情况，对各级别的成分、力学性能等均做出了相应的要求，具体情况见表 1-4、表 1-5。

表 1-4　GB/T 24186—2009 规定的耐磨钢板化学成分要求　（质量分数,%）

牌号	C	Si	Mn	P	S	Cr	Ni	Mo	Ti	B 范围	Als ≥
	≤										
NM300	0.23	0.70	1.60	0.025	0.015	0.70	0.50	0.40	0.050	0.0005~0.006	0.010
NM360	0.25	0.70	1.60	0.025	0.015	0.80	0.50	0.50	0.050	0.0005~0.006	0.010
NM400	0.30	0.70	1.60	0.025	0.010	1.00	0.50	0.50	0.050	0.0005~0.006	0.010
NM450	0.35	0.70	1.70	0.025	0.010	1.10	0.80	0.55	0.050	0.0005~0.006	0.010
NM500	0.38	0.70	1.70	0.020	0.010	1.20	1.00	0.65	0.050	0.0005~0.006	0.010
NM550	0.38	0.70	1.70	0.020	0.010	1.20	1.00	0.70	0.050	0.0005~0.006	0.010
NM600	0.45	0.70	1.90	0.020	0.010	1.50	1.00	0.80	0.050	0.0005~0.006	0.010

从表 1-4 中对合金成分的要求可以看出，国标中对各类成分要求较为宽松，可能是与国内对于该类钢板的研究和开发才刚刚起步，并无大量针对该类钢的系统研究，研究人员对其认识有限有关。

从表 1-5 所示工程机械用高强度耐磨钢板国家标准对力学性能要求可以

看出，国内对各级别耐磨钢板强度的要求比国外著名厂家如 SSAB 和 JFE 等生产的同级别典型值低 100MPa 左右；硬度则给出了相似或更宽的范围；低温冲击韧性与国外著名企业内部标准相比，具有较大的差距。

表 1-5　GB/T 24186—2009 耐磨钢板的力学性能要求

牌　号	厚度范围/mm	抗拉强度 R_m/MPa	断后伸长率 A_{50}/%	-20℃冲击吸收能量（纵向）A_{KV2}/J	表面布氏硬度 HBW
NM300	≤80	≥1000	≥14	≥24	270~330
NM360	≤80	≥1100	≥12	≥24	330~390
NM400	≤80	≥1200	≥10	≥24	370~430
NM450	≤80	≥1250	≥7	≥24	420~480
NM500	≤70	—	—	—	≥470
NM550	≤70	—	—	—	≥530
NM600	≤60	—	—	—	≥570

国标仅在 NM450 及其以下级别对强度和低温冲击韧性提出要求，对 NM500 及其以上级别，则没有要求；明确提出表面硬度应达到相应的范围，对于较厚规格钢板的心部则没有提出要求。

通过上述对国外主要生产低合金耐磨钢的企业及其我国标准的情况分析可知，国外在该类钢对低温冲击韧性的重视程度要明显高于我国，而且国外部分厂家还针对用户的个性化需求开发出满足相应要求的钢板，这些方面应当引起我国企业人员和科研工作人员的重视。

1.4　国内外低合金耐磨钢研究现状

低合金钢通常是指合金元素总含量小于 5% 的合金钢[34]。在碳钢的基础上，为了改善钢的一种或几种性能，而有意向钢中加入一种或几种合金元素。当加入的合金含量超过碳钢所具有的一般含量时，则称之为合金钢。当合金总含量低于 5% 时，称之为低合金钢。当低合金钢作为耐磨钢时，为了得到较高的耐磨性能，通常会要求具有极高的强、硬度等力学性能，因此，该类钢一般会添加较高含量的碳和合金元素。

目前关于低合金耐磨钢的研究较多，按照组织来分，主要有低合金贝氏体耐磨钢、马氏体耐磨钢及双相耐磨钢等。以下分别从这几个方面来分别进行说明。

1.4.1　贝氏体耐磨钢

贝氏体组织由于具有较高的硬度和良好的韧性配合，近年来也被应用于耐磨钢生产，取得了不错的效果。关于贝氏体钢的研究，在20世纪50年代，英国人 F. B. Picketing 等[35]发明了 Mo-B 系空冷贝氏体钢。该类钢通过 Mo 和 B 合金元素的有效结合，可以在相当宽的范围内获得贝氏体组织，具有工艺简单、节约资源等优点而受到大量科研人员的关注。然而该类钢在合金成分设计时需要添加0.5%左右的贵重合金元素 Mo，提高了生产成本，因此限制了该类钢的推广和使用。此外，国际上也有采用等温淬火的方式获得 Mo-B 系贝氏体钢的研究。该类钢同时还添加一定量的 Cr、Ni、V 等元素，通过在贝氏体区间等温淬火获得。由于该类方法生产工艺设备较为复杂，且生产周期相对较长，淬火介质污染环境，大面积推广应用受到了较大限制[36~38]。

我国西北工业大学康沫狂教授课题组在20世纪80年代提出了由贝氏体铁素体和残余奥氏体组成的"准贝氏体"这一概念，并成功地研制出系列准贝氏体钢[39~42]。该类钢主要是通过添加一些抑制铁素体和珠光体生成的合金元素，从而可在较大冷速范围内获得贝氏体组织。通过系列研究，该课题组将400HB级别的准贝氏体耐磨钢推广应用至国内舞阳钢铁有限公司[43]，得到的综合性能超过了当前的典型贝氏体钢和调质钢，具有良好的强韧性配合和耐磨性能。部分研究表明[44]，该类准贝氏体组织由贝氏体铁素体（BF）和残余奥氏体组成，其中 BF 是碳的过饱和固溶体，具有较高的强度和韧性；磨损时在外力作用下，部分残余奥氏体诱发马氏体相变，形成高碳马氏体；此外，残余奥氏体的存在，分割了贝氏体铁素体板条、亚板条及亚单元，细化了组织结构，同时还使裂纹钝化，并在裂纹尖端诱发马氏体相变，增加了断裂功。因此，准贝氏体耐磨钢具有良好的耐磨性。此外，部分研究表明，该类组织还具有较高的抗延迟断裂性能[45]，有助于提高该类钢的耐磨性。然而，为了抑制贝氏体中碳化物的出现，该类钢在合金设计时，通常会添加一定量的 Si 和 Al 元素[46]。较多 Si 元素的加入，在轧后冷却过程中钢材的表面极易形成难以除去的氧化铁皮，不利于中厚钢板表面质量[47,48]；而添加一定量的 Al 元素，在冶炼时容易形成 Al 的氧化物夹杂，对钢材韧性不利。因此，该类钢的表面质量控制和冶炼难度较大。

清华大学方鸿生教授课题组从 20 世纪 70 年代起对具有较高强韧性配合的 Mn-B 系贝氏体钢种进行了大量的研究，发现当 Mn 含量达到一定量时，其奥氏体等温转变曲线上会出现明显的"河湾"，从而使其 C 曲线上下分离。而 Mn 和 B 元素的共同作用，使其高温转变孕育期明显长于中温转变期，因而有可能在空冷条件下获得贝氏体组织。结合该发现，他们发明出系列 Mn-B 系空冷贝氏体钢[49~51]。该类钢充分地利用了 Mn 元素和 B 元素的相互作用，从而避免了贵重元素 Mo 的加入。由于 Mn 的价格远低于 Mo 的价格，因此，该类钢的推广应用具有显著的优势，并已在部分衬板、齿板及其耐磨管道上得到了应用。然而，在截面尺寸较大或较厚钢板的情况下，该类 Mn-B 系空冷贝氏体钢很难获得均一的下贝氏体或下贝氏体-马氏体组织，且其中的 Mn 含量大于 2% 时极易产生偏析，会恶化韧塑性和焊接性；另外，部分 B 元素的加入，会在冶炼时与钢中的 N 等元素相结合形成化合物，从而降低有效 B 的含量，使得淬透性大大降低；而当 B 含量加入较多时，又会严重恶化钢的韧性。在工程机械、矿山机械等领域除了要求钢材具有较高的耐磨性，还要求具有较好的焊接、冷弯性能，因此，该类钢在这些领域的推广应用还存在较大的局限性。

此外，山东工业大学李凤照等[52~54]根据贝氏体相变原理，合理进行成分设计和冷却工艺控制，同时综合运用细晶强化、析出强化等强化方式及其协同效应，采用微合金变质处理，开发出隐晶或细针状贝氏体的高品质贝氏体或高级贝氏体钢。该类钢与当时国内外已有的贝氏体钢相比，在奥氏体晶粒尺度、显微组织细化和耐磨性等方面具有明显的优越性。其应用于矿山机械制造时的耐磨性是高锰钢的两倍，表现出了极佳的耐磨性能。但该类钢在成分设计时添加了较多的 Mn（2.5%~3.5%）、Cr（0.3%~2.5%）和 Nb、V、Ti 元素，增加了冶炼中的偏析控制难度和成本，不利于在中厚钢板等领域推广应用。

1.4.2 马氏体耐磨钢

在钢中各类典型组织中，马氏体组织因具有高的强度、硬度等特点而成为高强钢和超高强度钢中重要的组织选择之一。高的强度和硬度，也有利于耐磨性的提高。因此，在各类耐磨钢中，马氏体钢的应用最为广泛，并且在中低应力的工况条件下取代了部分高锰钢，经济效益非常显著。马氏体通常被认为是脆性相，因此，较多的科研工作者将其研究重点集中在板条马氏体钢的韧塑性提高和控制单元研究上。Inoue 等[55]研究低碳回火马氏体钢解理断裂时发现，其有效控制单元为马氏体的板条块尺寸。而在国内，钢铁研究总院董瀚等[56]发现其控制裂纹室温扩展的微观单元为板条束尺寸。王春芳等[57,58]对 17CrNiMo6 板条马氏体钢的微观结构进行了研究，分析了原始奥氏体晶粒尺寸、板条束、板条块和板条与该钢强度及韧性的关系。结果发现，板条块为马氏体钢对强度起作用的组织单元，而板条束为板条马氏体对韧性（准解理断裂或解理断裂）起作用的组织单元。

近年来，在马氏体类型钢中，通过成分和工艺控制使马氏体组织中分布一定量（约 30%）的薄片状残余奥氏体，可得到极高的伸长率和断裂韧性[59~61]。该类钢作为耐磨钢使用时，表现出优异的耐磨性能[62,63]。但是，严格说来，该类钢应该是马氏体-奥氏体双相钢。此外，该类钢在合计设计时，需添加质量分数为 1.0%~2.0% 的 Si 元素，以此来抑制碳配分过程中的碳化物形成。但较多 Si 元素的添加，不利于热轧板带钢的表面质量；同时，残余奥氏体的配分控制过程，增加了工序成本和能耗，且对温度精度控制要求极高，不利于在热轧板带钢方面推广应用。

在马氏体钢的耐磨性方面，梁高飞、许振明等[64]发现，在中等冲击磨损条件下，低合金马氏体耐磨钢同奥氏体高锰钢相比具有明显的优越性，综合力学性能高出一倍多。在该类钢中，板条马氏体具有很好的强韧性，它的耐磨性要强于存在很多微观裂纹的片状马氏体。研究还发现，在同等碳含量下增加板条马氏体的量，可以使材料的相对耐磨性提高。但缺憾之处在于，它主要靠马氏体基体硬度来抗磨，在高应力磨料磨损条件下，耐磨性提高不多，同时对其化学成分控制和热处理工艺要求也较高。马幼平等[65]研究了典型马氏体耐磨钢如 20Cr、40CrSi、60Mn、T8 和 T10 等钢在静载三体磨粒磨损后的耐磨性与亚表层成分、性能和结构的关系，研究结果发现，马氏体钢耐磨性与亚表层硬度分布的关系受到马氏体固溶碳含量的影响。在三体磨粒磨损过程中，不同固溶碳含量马氏体钢耐磨性与马氏体的变形方式有关，滑移变形对耐磨性有利，而孪生变形对耐磨性有害。较高固溶碳含量的马氏体并非总是对耐磨粒磨损有益。王存宇等[63]研究了淬火-配分-回火工艺条件下与常规Q-T 工艺条件下生产 20Si2Ni3 钢的三体冲击磨料磨损性能比较，发现淬火-配分-回火工艺可以增加马氏体钢中的残余奥氏体的体积分数，从而提高其低等冲击应力下的三体冲击磨料磨损性能。然而，其配分过程，增加了热处理工序成本，且所采用的油淬过程，具有成本高和污染环境等缺点，不利于其大面积的推广。

1.4.3　双相耐磨钢

双相钢因兼具有良好的强、韧性配合而在各类机械设备制造中得到广泛应用。近年来，科研工作者对双相耐磨钢也进行了大量的研究，部分结果已经被应用于工业化大规模生产。双相耐磨钢主要包括马氏体-铁素体、马氏体-贝氏体和奥氏体-贝氏体双相耐磨钢三种。双相组织赋予这些耐磨钢更好的强度和韧性配合，使得材料抵抗磨损的能力得到显著改善。

1.4.3.1　马氏体-铁素体双相耐磨钢

关于马氏体-铁素体双相钢的研究已有多年的历史，并且在较多的领域得到应用，但大量的研究主要是局限于其马氏体体积分数小于 25% 的情况，应用领域主要限于汽车制造方面[66~69]。

当马氏体-铁素体双相钢作为耐磨钢使用时，主要是以高马氏体含量为主，其马氏体的体积分数通常会超过 50%。目前，该方面的研究结果较少，但其结果却显示出马氏体-铁素体双相钢的耐磨性能高于同等成分下的其他组织类型的钢，具有良好的前景。Jha 等[70]通过对同一成分条件下不同组织类型如单一马氏体、铁素体 + 珠光体、马氏体 + 铁素体实验钢的耐磨性进行研究，发现马氏体 + 铁素体双相钢具有最好的耐磨性能，但未研究其马氏体、铁素体的形态和比例分数的影响规律。Tyagi 等[71]通过对高马氏体-铁素体含量的双相钢耐磨性与同种成分下正火钢耐磨性对比研究，发现双相钢的耐磨性高于正火钢。Wayne 等[72]研究发现钢的耐磨性与组织密切相关，含有马氏体-铁素体双相组织的耐磨性高于含有球化碳化物的组织的耐磨性。Saghafian 等[73]对一种碳含量为 0.21% 的低合金双相耐磨钢研究发现，当马氏体的体积分数在 40% ~90% 的范围内变化时，其干滑动磨损性能随马氏体体积分数的增加而增大，但对马氏体体积分数高于90%的情况及与单一马氏体钢耐磨性的比较，均未做研究。Sawa 等[74]对不同马氏体体积分数的马氏体-铁素体双相耐磨钢磨损行为的研究发现，其耐磨性与双相钢中的马氏体的形态、大小及分布均有一定的关系。

1.4.3.2 马氏体-贝氏体双相耐磨钢

马氏体-贝氏体双相耐磨钢是人们针对单一马氏体耐磨钢应用时表现出来的韧性不足和抗延迟断裂力低等弊端而发展起来的钢种。在20世纪80年代，日本学者 Tomita 等[75]在研究中高碳钢时，发现在单一马氏体组织的基础上保留少量的下贝氏体组织，能够得到高于单一马氏体组织的优良韧性，且此时强度降低不多。该结论在我国后续大量的研究中也得到了证实，并发展成为 Mn-B 系[76~78]、Cr-Mn-B 系[79~82]的马氏体-贝氏体高强度结构钢和高强度耐磨钢。该类钢具有优良韧性的原因主要是由于少量下贝氏体的存在，分割了原奥氏体晶粒，从而减小了马氏体板条束的尺寸；在断裂过程中当裂纹遇到马氏体-下贝氏体界面及马氏体板条束界时，裂纹曲折转向，能够吸收更多的能量，从而提高了钢的韧性，降低韧性转折温度。目前，该类钢已发展成为低碳、中低碳、中碳和中高碳等系列钢种，并得到较多的应用。然而，该类钢为了提高其淬透性从而得到一定量的马氏体组织，通常会加入较多的 Mn 甚至是 Cr、Mo 元素。该类元素的添加，恶化了其焊接性能，提高了生产成本。在工程机械等领域，除了要求钢材具有较高耐磨性，还要求一定的焊接性能，因此，该类钢在这些领域的应用受到了较大的限制。

1.4.3.3 奥氏体-贝氏体双相耐磨钢

受高硅钢中无碳化物贝氏体的出现以及奥氏体-贝氏体球墨铸铁的启发，人们开发出奥氏体-贝氏体双相耐磨钢。奥氏体-贝氏体组织集中了贝氏体的高强度和奥氏体的优异韧性与应变强化能力，具有高的屈服强度、韧性和优良的耐磨性能[83~85]。

奥氏体-贝氏体钢的组织特征赋予其独特的优异性能。碳原子的间隙固溶体强化和板条亚结构的细晶强化，使贝氏体-奥氏体钢具有优良的强度特性。以薄膜、细片或小岛存在的残余奥氏体，具有较好的稳定性。在应力作用下大部分残余奥氏体不易发生转变，仍会以韧性相存在，可以吸收应变能并使裂纹出现分枝或钝化，增加裂纹扩展阻力。在发生应力或应变诱发马氏体相变时，形成高碳马氏体，在材料磨损中充当耐磨硬质点，高稳定性的残余奥氏体会消耗更多的能量，使应力或应变松弛，从而使冲击韧性提高，基体抵抗破断能力增强，磨损过程中不易断裂和脱落，使材料具有较好的耐磨性[84,85]。然而，该类钢主要是利用 Si、Mn、Cr、V、Nb 等元素的多元合金化，以铸态的方式获得，使生产成本上升，且冶炼难以控制。

1.5　磨料磨损及其主要影响因素

对材料的磨损进行相关深入研究之前，首先要研究磨损形式及机理。磨损过程是多因素相互影响的复杂过程，除与材料自身特性有关外，还与摩擦形式、表面状态、使用条件（如压力、速度、温度等）等有关。在实际工况中，材料的磨损往往不只是一种机理在起作用，而是几种机理同时存在，只不过是某一种机理起主要作用而已。而当条件变化时，磨损机理也会发生变化，会以一种机理为主转变为以另一种机理为主。我们要对实际的磨损情况进行具体分析，找出主要的磨损方式或磨损机理。最常见的磨损分类是按磨损机理来分类，即磨料磨损、黏着磨损、冲蚀磨损、微动磨损、腐蚀磨损等。英国学者 T. S. Eyre[86] 曾对工业领域中发生的各种磨损类型所占的比例作了如表 1-6 所示的估计，但他没有将疲劳磨损专门考虑为一种磨损类型。从该表中可以看出，磨料磨损所占比例最大，达到全部磨损的 50%，因此，有必要对磨料磨损及其影响因素做详细分析。

表 1-6　各种磨损类型所占比例

磨损类型	占比/%	磨损类型	占比/%
磨料磨损	50	微动磨损	8
黏着磨损	15	腐蚀磨损	5
冲蚀磨损	8	其　他	14

1.5.1　磨料磨损

磨料磨损是由硬质颗粒或硬质突起物与材料表面相互作用而引起材料破

坏的一种形式[87]。根据磨料对材料的作用特点，可将磨料磨损分为三种形式：低应力擦伤式磨料磨损、高应力磨料磨损、凿削式磨料磨损。根据磨料与磨损材料的组合方式，又可将磨料磨损分为两体磨料磨损和三体磨料磨损。其中两体磨料磨损是指磨粒与一个材料表面作用导致的磨损，包括凿削磨损和冲刷磨损等。三体磨损是指两个材料表面辗压磨粒时导致材料表面发生失效的磨损。而其磨损机制主要有微观切削、多次塑性变形导致断裂的磨损和微观脆性断裂几种形式。前两种机理主要针对韧性材料，即认为磨损主要由材料的塑性变形引起的；而断裂破坏机理主要针对脆性材料，认为磨损主要是由于材料的有限塑性变形能力而造成的。各类磨损机制均可通过扫描电镜观察得到证实。

1.5.1.1　由塑性变形引起的磨损机制[88~90]

当磨料与塑性材料表面接触时，会发生三种主要的材料去除方式：

（1）犁沟：被磨材料表面受磨料的挤压向沟槽两侧和前缘隆起，犁沟时可能有一部分材料被切削而形成磨屑，剩余部分则未被切削而仅有塑性变形。若犁沟时全部的沟槽体积都被推向沟槽两侧和前缘而不产生任何切削时，称为犁皱。犁沟和犁皱后堆积在沟槽两侧和前缘的变形材料，在随后的磨料作用下会多次塑性变形，最终形成磨屑。这种磨损具有低周疲劳性质，其耐磨性以材料的硬度和塑性（韧性）综合判定。

（2）微切削：磨粒像刀具一样在被磨材料表面切削形成切屑，由于这种磨屑的宽度和深度远小于实际刀具的切削，因此称为微切削。微切削一次即可造成材料的去除。切削磨损量取决于材料的硬度，硬度越高，切削量越少。

（3）剥落：在软磨料或硬磨料作用下基体材料变形硬化后，由于接触应力的作用，在其亚表层形成裂纹，裂纹扩展连接至表面，以薄层脱落，表面留下形态不规则的剥落坑。这种磨损具有应力疲劳性质，其耐磨性主要以材料硬度为判据，并与韧性有较为密切的关系。

1.5.1.2　由脆性断裂控制的磨损机制[91,92]

磨粒压入材料表面具有静水压的应力状态，所以大多数材料都会发生塑性变形。但在硬磨料及冲击条件下，材料中具有脆性相（如碳化物）及较脆基体（如马氏体），则微观断裂机理起着支配作用。磨料压入脆性材料时形成裂纹，这些裂纹从压痕的四角出发向材料内部扩展，裂纹平面垂直于脆性材料表面呈辐射状（称为径向裂纹），压痕附近还存在横向裂纹。在磨粒的作用下，当横向裂纹互相交叉或扩展到表面时，就造成材料的微观断裂，形成磨损。这种磨损与材料的冲击韧性和断裂韧性直接相关。

需要特别指出的是，在磨料磨损过程中不只是一种磨损机理在起作用，而往往是几种磨损机理同时存在，其中某种磨损机理起主要作用。随着磨损过程中外部条件和材料表面组织的变化，磨损机理也相应地发生变化，从以一种机理为主转变为以另一种机理为主。

1.5.2 磨料磨损的影响因素

实际的磨料磨损过程是一个复杂的多种因素综合作用的摩擦学系统。利用系统分析方法可以较为清楚地考察各个组元及其相互作用以及环境条件的影响。其影响因素包括设计性能、工况条件、磨料特征及材料特性等。这里仅讨论与材料本身特性有关的影响因素。

1.5.2.1 硬度

根据拉宾诺维奇[19]建立的模型，影响磨料磨损量大小的主要因素是材料硬度 H_m 与磨料硬度 H_a 的比值 H_m/H_a。当 $H_m/H_a < 0.8$ 时，材料处于高速切削区，磨损非常严重；当 $H_m/H_a > 1.25$ 时，磨料对材料几乎不构成切削，材料几乎不受磨损；当 $0.8 < H_m/H_a < 1.25$ 时，为中等切削区。

需要说明的是，材料的宏观硬度与耐磨性之间没有简单的对应关系，冷作硬化不影响耐磨性，因为间隙式固溶体和置换式固溶体、析出硬化型及弥散硬化型材料的加工硬化指数在很大范围内变化。同时该事实也表明，在已磨损的金属表面上已发生了最大限度的"加工硬化"，材料的耐磨性应与其磨损后的表面硬度成正比。

1.5.2.2 其他力学性能

工业纯金属的耐磨性与其弹性模量成正比。但是这种关系不适用于热处理过的钢，因为热处理不会改变材料的弹性模量，但却使耐磨性大大提高。

材料的耐磨性与抗拉强度和塑性之间没有明显的对应关系，只是随着材料流变特性的增高，耐磨性有提高的趋势；在高硬度水平时，由于塑性和韧性的提高，耐磨性大大增加。对高硬度材料，如工具钢、白口铸铁等，其耐磨性随断裂韧性的提高而增加；对硬度较低材料，如灰口铸铁、球墨铸铁和奥氏体钢等，其耐磨性随断裂韧性的提高而降低。

1.5.2.3 微观组织

微观组织对材料耐磨性影响的基本规律一般可分为两类：

（1）微观组织的尺寸小于磨料颗粒压入深度。在这种情况下，微观组织主要对其宏观性能（包括裂纹的产生）有明显影响。

（2）微观组织的尺寸等于或大于磨料颗粒压入深度。在这种情形下，微观组织的单独相及组元的重要性就显得格外重要了。

1.6 目前存在的主要问题

综上所述，在低合金耐磨钢的组织、性能控制及磨损机理的研究中，目前主要存在以下问题：

（1）目前国内关于轧制和热处理的方式生产低合金耐磨钢的研究还仅局限于低级别的范围，如 NM400 等，对较高级别的低合金耐磨钢如 NM500 等的研究较少，尤其是缺乏系统的关于"成分-工艺-组织-力学性能-耐磨性能关系"的研究。而国外在工艺参数对低合金耐磨钢耐磨性影响方面的研究极少，且缺乏系统性。

（2）在国内外已有的低合金耐磨钢中，主要是以合金化的方式来获得良好的性能，成本极高。随着社会的发展，矿产资源的匮乏和生产技术水平的提高，探索一种减量化的化学成分，使其满足性能的同时，还具有高的耐磨性能，成为急需解决的问题。

（3）高的强度、硬度和良好的低温韧性是一对矛盾的问题。国内尚无专门针对严寒等特殊工况条件要求 −40℃ 冲击韧性的高级别低合金耐磨钢的研究，其超高强度和硬度下的韧性增强机理和磨损机理均不清楚。虽然日本有个别企业生产出该类钢板，但其成分和工艺均严格保密。

（4）对轧制和热处理的方式获得马氏体基体组织和微合金纳米碳化物同

时存在的研究极少，尚未提出马氏体组织中存在大量微合金纳米碳化物的控制方法；关于马氏体组织中析出物的数量、大小和形态与力学性能、耐磨性能的关系均不清楚；马氏体基体上分布纳米碳化物的磨损机理尚不清楚。

1.7 研究的目的、意义及主要内容

1.7.1 研究目的及意义

研究和开发优异的耐磨钢铁材料并分析其磨损机理，以此来减少磨损过程中造成的损失是材料界一个永恒的研究主题。低合金耐磨钢作为一种重要的耐磨钢铁材料，因合金含量低、综合性能良好、生产灵活方便及价格便宜等特点，被广泛地应用于工程机械、矿山机械及冶金机械等设备的生产制造。近年来，随着装备制造业不断向大型化、高效化和轻量化的方向发展，设备耐磨件的服役环境越来越苛刻，成为决定整套设备使用寿命的核心部件，对材料的耐磨性也提出了更高的要求。因此，开发低成本、高级别、高性能的低合金耐磨钢板，对减少磨损带来的损失、延长设备的使用寿命、提高装备的使用效率和促进装备制造业的发展均有着至关重要的作用。

1.7.2 主要研究内容

本研究拟采用轧制和离线热处理相结合的方法，对高级别的耐磨钢板NM500，以减量化的思想进行成分和组织设计，并充分利用轧制、轧后冷却和离线热处理等工艺过程，来控制材料的相变类型和过程以及最终组织，从而实现对高级别低合金耐磨钢板 NM500 中马氏体、马氏体-铁素体、马氏体-纳米析出物等各种相类型和比例的调控，达到提高材料耐磨性能并兼具高韧性等特殊使用性能的目的，最终开发出低成本型、高韧性型和高耐磨性的低合金耐磨钢板。主要研究内容如下：

（1）对所研究的目标对象高级别低合金耐磨钢 NM500 进行成分、组织设计，并研究所设计成分体系下的连续冷却相变行为。

（2）针对所设计无 Ni、Mo 贵重合金元素的低成本型实验钢，进行马氏体微结构单元的控制，研究马氏体的最小控制单元如原始奥氏体晶粒、Block、Packet 和 Lath 尺寸与实验钢强韧性的关系，并对其三体冲击磨料磨损

性能与强韧性的关系进行了分析。

（3）分析了无 Ni、Mo 型低成本耐磨钢工业化推广应用时的工艺控制过程及该过程中得到的组织和力学性能，研究了工业生产得到钢板的三体冲击磨料磨损性能。

（4）针对耐磨钢在严寒地带等极端工况环境下 −40℃ 低温冲击韧性的需求，提出了在以马氏体为基体的钢中分布少量铁素体的方法来提高低温韧性，进而增强耐磨性能的思想。研究了合金元素 Mo 和工艺参数对铁素体的形态、比例的影响规律，并分析了其对实验钢两相区热处理后的组织、力学性能及三体冲击磨损性能的影响。

（5）探索在马氏体基体上分布大量纳米级碳化物的工艺方法，以进一步提高低合金马氏体耐磨钢的耐磨性能。分析了钛微合金化实验钢不同相变区的析出行为，研究了轧后冷却过程、离线热处理过程对纳米析出物形态、数量和尺寸的控制情况，并分析了纳米析出粒子对实验钢组织、力学性能及三体冲击磨损性能的影响。

（6）研究了马氏体基体上分布纳米碳化物的实验钢耐磨性与本课题推广应用的低成本型马氏体耐磨钢及国外 JEF 生产的 JFE-EH500、迪林根生产的 DILLIDUR500V 的三体冲击磨损性能，并分析了纳米析出物增强耐磨性的机理。

通过上述研究，拟开发出低成本型、高韧性型和超级耐磨型的高级别低合金耐磨钢板，并研究其磨料磨损机理，其研究结果还应用于其他级别如 NM360 ~ NM600 的低合金耐磨钢的生产。

2 成分、组织设计及连续冷却相变行为研究

2.1 引言

钢的化学成分和微观组织决定了产品的最终力学性能，而化学成分及工艺过程又决定了其微观组织，因此，可以认为化学成分是力学性能的基础，微观组织是良好性能的必要条件，只有较好的成分才有可能得到较好的性能，只有较好的组织才有可能得到需要的性能。因此，成分和组织的选择对于一种特殊用途的钢种来说尤为重要。

根据第 1 章的介绍可知，低合金钢作为耐磨钢时通常要求极高的强度、硬度和一定的韧塑性，而本研究拟研究的对象是高级别的低合金耐磨钢，级别为 NM500，使用的对象主要为工程机械，同时还兼顾矿山机械、冶金机械和水泥、化工等设备的使用需求。在成分和组织设计时，不但需要高的强度、硬度和一定的韧塑性来保证其耐磨性能，而且还需要良好的韧塑性来确保其使用过程中的服役安全性能。因此，获得高的强硬度和良好的韧塑性是成分和组织设计时需要考虑的重点。此外，结合该类钢的使用对象和特点可知，在成分和组织设计时，实验钢的焊接性能、冷弯成型性能及其机加工性能等也应有所兼顾考虑。

本章结合高级别低合金耐磨钢 NM500 的性能的要求，并兼顾其使用特点，对其成分和组织进行设计；并结合冶炼得到的化学成分，研究了各自成分体系下的连续冷却相变行为，为该成分下的实验钢得到所需要的组织和性能提供基础。

2.2 成分设计

2.2.1 成分设计依据

在耐磨钢中，最重要的性能是抗磨损性能。然而，磨损是一个比较系统、

复杂的过程，它不仅涉及材料基体的本身，而且与外界工况环境有着非常密切的联系。在本研究中，我们主要从材料的基体本身来考虑，并结合该类钢的主要应用工况，来讨论其成分设计思想及依据。本研究的对象是低合金耐磨钢，级别为 NM500，主要应用于工程机械、矿山机械、水泥机械和冶金设备等的制造，工作环境极其恶劣。在应用于工程机械时，除了需要考虑其耐磨性能外，还应考虑其韧塑性和焊接性能，以此来保证其安全服役性能。在应用于矿山、冶金和水泥机械设备的制造时，还应考虑其耐腐蚀性能。

在本章中，将结合高级别的低合金耐磨钢板 NM500 对力学性能、成分的要求和主要使用工况，并充分结合各类合金元素的作用特点，在尽量降低生产成本、提高耐磨性的原则下进行实验钢的成分设计，为得到低成本、高性能的耐磨钢提供基础和依据。

2.2.2　NM500 对性能的要求

表 2-1 给出了国标 GB/T 24186—2009 工程机械用高强度耐磨钢板中 NM500 对力学性能的要求。从表中可以看出，国标中对 NM500 级别耐磨钢板仅做了硬度要求，即要求表面布氏硬度大于或等于 470 即可。在其他性能方面，如强度和低温冲击韧性等，则无特殊要求。一方面是由于我国对工程机械用耐磨钢的研究和开发较晚，制定该标准时主要依据国外几大公司的企业标准和参考我国企业实际生产能力来制定的；另一方面，NM500 属于高级别的低合金耐磨钢板，国内外科研工作者对其系统的研究较少，人们对其认识还有限。

表 2-1　国标中 NM500 对力学性能的要求

牌　号	厚度/mm	抗拉强度 R_m/MPa	断后伸长率 A_{50}/%	−20℃冲击吸收能量（纵向）A_{KV2}/J	表面布氏硬度 HBW
NM500	≤70	—	—	—	≥470

国外部分生产低合金耐磨钢板的企业均对同等级别耐磨钢板 NM500 提出了自己的企业内部要求，具体情况见表 2-2。从该表中可以看出，国外主要生产高级别耐磨钢板的厂家如瑞典 SSAB 和日本 JFE 在力学性能的要求上，除了对硬度值范围有明确规定外，对低温冲击韧性也提出了不同的要求。其中

JFE 公司还针对特殊工况条件下需求高低温冲击韧性，专门设计了一种高韧性型耐磨钢，即 JFE-EH500LE。该类钢可以确保 −40℃ 的低温冲击韧性达到 27J 以上，但是其生产厚度最多仅能达到 32mm，限制了其进一步的推广使用。德国 Dillingen 公司对该级别耐磨钢板的要求最低，仅提出了硬度要求，但在其说明书中明确给出了典型厚度（20mm）的低温冲击韧性值。从世界上几大主要生产耐磨钢的企业关于 NM500 的企业内部性能要求可以发现，国外公司除了对硬度提出自己的范围要求外，对低温冲击韧性也提出了相应的要求。而该类钢的强度和低温冲击韧性是一对矛盾，如何使二者合理地配合达到最佳值才是关键。在本书后续章节中，将系统研究该类钢的高强硬度与良好韧性配合的问题。

表 2-2   国外部分企业 NM500 对力学性能的要求

牌　号	厚度/mm	抗拉强度 R_m/MPa	断后伸长率 A_{50}/%	冲击吸收能量 A_{KV2}/J	布氏硬度 HBW
Hardox500（瑞典 SSAB）	4 ~ 32 (32) ~ 80	—	—	>21（横向,0℃）	470 ~ 530 450 ~ 540
JFE-EH500A（日本 JFE）	6 ~ 100	—	—	>21（纵向,0℃）	>477
JFE-EH500LE（日本 JFE）	6 ~ 32	—	—	>27（纵向, −40℃）	466 ~ 556
DILLIDUR500V（德国迪林根）	8 ~ 30 (30) ~ 100	—	—	—	470-530 450 ~ 530

2.2.3 NM500 对成分的要求

本书所研究的低合金高强度耐磨钢 NM500 在国标 GBT 24186—2009 中对成分要求如表 2-3 所示。从表中可以看出，国标中对各种成分的要求较宽，仅给出了各种成分的上限或下限值，为国内各企业在不同装备水平条件下生产该类钢板提供了条件。

表 2-3   国标中 NM500 对成分的要求   （质量分数,%）

牌号	C	Si	Mn	P	S	Cr	Ni	Mo	Ti	B
NM500	≤0.38	≤0.70	≤1.70	≤0.020	≤0.010	≤1.20	≤1.00	≤0.65	≤0.050	0.0005 ~ 0.006

国外部分企业对低合金高强度耐磨钢 NM500 的成分也给出了自己的要求，见表2-4。从表中可以发现，各企业对成分的要求有所差异，但在关键合金元素如 C、Si、Mn 和 B 的要求方面差异较小。主要是因为这些关键合金元素是该类钢获得高硬度的保障，而高的硬度又是获得高耐磨性的基本条件之一；在其他合金元素方面，可能是由于各自企业设备条件的差异及考虑使用工况的侧重点不同而有所差异。通过第 1 章中的分析我们知道，在低合金钢的耐磨性中，除了硬度对耐磨性的影响较大外，韧塑性对其也有重要的影响，而且良好的韧塑性还可为所生产的设备具有高的安全服役性能提供保障。因此，在实验钢的成分设计中，除了考虑获得高的硬度外，还应充分考虑其良好韧塑性的获得。从表2-4 中 JFE 对该级别高韧性耐磨钢的成分要求及部分参考文献[93]可知，该类钢中高韧性的获得，除了在合金设计时对碳有严格的限制和添加一定量的细化晶粒的元素如 Nb、V、Ti 等外，在生产工艺上还采取控制轧制和控制热处理的特殊工艺制度，以此来细化原始奥氏体晶粒尺寸，达到同时提高硬度和增强韧性的目的。

表2-4　国外部分企业对 NM500 成分的要求　　（质量分数,%）

牌　号	C	Si	Mn	P	S	Cr
Hardox500	≤0.30	≤0.70	≤1.60	≤0.020	≤0.010	≤1.50
JFE-EH500A	≤0.35	≤0.55	≤1.60	≤0.030	≤0.030	0.40~1.20
JFE-EH500LE	≤0.29	≤0.55	≤1.60	≤0.010	≤0.010	≤0.40
DILLIDUR500V	≤0.30	≤0.50	≤1.60	≤0.025	≤0.010	≤1.50
牌　号	Ni	Mo	Nb	Ti	V	B
Hardox500	≤1.50	≤0.60	/	/	/	0.005
JFE-EH500A	/	0.10~0.50	/	≤0.020	0.10	0.004
JFE-EH500LE	/	≤0.35	/	≤0.020	—	0.004
DILLIDUR500V	1.0	≤0.50	≤0.05	/	0.08	0.005

注：表中"/"表示不作要求，"—"表示未添加。

2.2.4　合金元素的作用

作者对合金元素在耐磨钢中尤其是在以马氏体为基体组织的耐磨钢中的作用进行了总结，具体如下[94~102]：

碳（C）是影响耐磨钢强度、硬度、韧性及淬透性的重要元素，也是影响钢显微组织最为重要的元素。通常情况下，当马氏体钢中碳含量小于0.3%时，得到的马氏体呈板条状，主要靠碳元素产生的高密度位错引起固溶强化，从而达到超高强度；而当碳含量大于1%时则完全得到片状马氏体。随着碳含量增加，钢的硬度增加，冲击韧性显著下降。碳含量过高，热处理后形成的是高碳片状马氏体，钢的硬度高而韧性低，对耐磨性不利；碳含量过低，钢的淬硬性不足，硬度过低，耐磨性不足。

锰（Mn）能够降低钢的临界冷却速度，增加钢的淬透性，从而促进淬火后马氏体组织的形成。锰的强化作用，使基体和碳化物得以强化，从而提高了强度和硬度。而且锰的矿产资源丰富，价格低廉，是低合金高强度耐磨钢的主加元素。但锰元素是过热敏感性元素，淬火时加热温度过高会引起晶粒粗大；同时锰元素在凝固时偏析系数较大，很容易在晶界偏聚，对钢的韧性产生不利影响。

硅（Si）主要是以固溶态的形式存在于奥氏体中，促进马氏体的形成，可以提高钢中固溶体的强度特别是钢的屈服强度，从而提高钢的耐磨性能。硅元素还能够降低碳在铁素体中的扩散速度，增加钢的回火稳定性。但硅含量过高时将显著降低钢的塑性、韧性和延展性，而且硅含量过高时还会使钢中出现块状铁素体组织，使钢的韧性降低。

铬（Cr）是耐磨钢的基本元素之一，能提高钢的淬透性，尤其与锰、硅元素合理搭配时能大大增加其淬透性，且有利于钢的固溶强化，细化组织。此外，铬元素对提高钢的耐蚀性能也是有益的。但其含量过高时，也增加钢的回火脆性倾向。

镍（Ni）和碳几乎不形成碳化物，是形成和稳定奥氏体的主要合金元素。加入一定量的镍可以显著提高低温韧性，同时还可提高淬透性，促进马氏体的形成。此外，镍元素也能提高钢的耐蚀性能。

钼（Mo）在耐磨钢中适量添加可以强烈地增加淬透性。同时，钼元素是中强碳化物形成元素，在钢中可与部分碳化物结合形成复合型碳化物，弥散分布在基体上而使其强化。钼元素还能够细化铸态组织，提高断面的均匀性，在热处理时能强烈抑制奥氏体向珠光体转变，稳定热处理组织，改善冲击韧性。此外，钼元素也能提高钢的耐蚀性能。

硼（B）是最廉价的提高钢材淬透性的合金元素，极少量添加即能起到明显的效果。因此，在耐磨钢中添加硼可有效取代一些价格昂贵的合金元素。固溶于奥氏体中的硼原子有偏聚并吸附在奥氏体晶界上的特点，可降低奥氏体晶界的自由能，使新相成核困难。但耐磨钢中硼含量不宜超过 0.004%，否则其提高淬透性效果消失，并在晶界形成脆性相，会对材料的韧塑性不利。

铌（Nb）、钒（V）、钛（Ti）是耐磨钢中常见的微合金化元素，能和 C、N 形成细小碳氮化物，在钢的奥氏体化进程中能抑制晶粒的粗大化，还能阻止再结晶晶粒的长大及抑制再结晶进程，提高未再结晶区温度，并扩大两阶段区间的窗口。在淬火热处理时，还能有效抑制奥氏体晶粒的长大，以便得到细化的晶粒组织；回火时能在基体中析出细小碳氮化物，可有效地强化基体。此外，微合金元素的复合加入对钢的性能影响比单个元素加入的影响大得多，但必须考虑元素之间的相互作用效果。

硫（S）、磷（P）在耐磨钢中主要以残留的杂质元素存在。硫是造成钢材热脆的主要杂质元素，并易产生偏析造成带状组织，硫化物夹杂有损坏材料塑韧性的作用。磷会造成钢材的冷脆，即降低材料的低温韧性，且容易产生偏析。

2.2.5 成分设计结果

根据高级别耐磨钢 NM500 对性能和成分的要求，结合各合金元素在马氏体钢中的作用特点，同时尽量不添加或少添加贵重合金元素，以达到降低钢的生产成本的目的，拟对所研究的实验钢进行如表 2-5 所示的成分设计。该成分设计具有以下特点：1 号钢为无 Mo、Ni 贵重合金元素的低成本成分体系；2 号钢为在低成本成分体系中添加少量合金元素 Mo 的合金型成分体系；3 号钢为采用 Ti 微合金化以得到纳米析出物而增强耐磨性的微合金化成分体系。

表 2-5　设计实验钢化学成分　　　　　（质量分数,%）

编号	C	Si	Mn	P	S	Ti	Cr	Mo	B
1	0.25 ~ 0.30	0.20 ~ 0.40	1.00 ~ 1.30	≤0.010	≤0.003	0.010 ~ 0.020	0.20 ~ 0.40	—	0.001 ~ 0.003
2	0.25 ~ 0.30	0.20 ~ 0.40	1.00 ~ 1.30			0.010 ~ 0.020	0.20 ~ 0.40	0.20 ~ 0.40	0.001 ~ 0.003
3	0.25 ~ 0.30	0.20 ~ 0.40	1.00 ~ 1.30			0.100 ~ 0.200	0.20 ~ 0.40	0.20 ~ 0.40	0.001 ~ 0.003

按照以上所设计的成分体系，在实验室进行 150kg 的小炉真空冶炼。最终冶炼的成分结果见表 2-6。从表中可以看出，实验钢所冶炼的结果良好，均达到所设计的成分要求。

表 2-6　实验室实际小炉冶炼实验钢化学成分　　（质量分数,%）

编号	C	Si	Mn	P	S	Ti	Cr	Mo	B
1	0.26	0.28	1.21	0.008	0.001	0.015	0.30	0.004	0.0015
2	0.27	0.25	1.24	0.007	0.001	0.016	0.26	0.26	0.0018
3	0.27	0.28	1.26	0.008	0.002	0.15	0.32	0.22	0.0015

2.3　组织设计

在成分确定的情况下，通过工艺参数的改变可以得到不同的组织类型，从而改变钢的性能。从上文的分析中可知，耐磨钢中对耐磨性影响最大的因素是硬度，其次是韧塑性和其他性能，因此，在选择组织时，我们也应当从以上几个方面来考虑。

2.3.1　组织设计依据

表 2-7 给出了铁基合金中各种典型组织的硬度值范围[103]。从表中可以看出，铁基合金中的各类组织在硬度上表现出了较大差异，其中铁素体组织的硬度值最小，马氏体组织的硬度值最大。因此，要想得到强度和硬度较高的材料基体，将马氏体组织作为基体组织是理想的选择。然而，马氏体组织通常被认为是脆性相，其韧塑性非常差。因此，如何在成分一定的情况下提高马氏体钢的韧塑性，是本书将要研究的重点之一。

表 2-7　铁基合金中各种典型组织的硬度[103]

组　织	铁素体	珠光体	贝氏体	奥氏体	马氏体
硬度 HV	70～200	250～460	220～650	250～600	400～1010

近年来，部分研究者针对马氏体钢韧塑性较差的问题，将韧塑性较好的铁素体组织与强硬度较高的马氏体组织相结合，形成同时兼顾马氏体和铁素体双相特性的马氏体-铁素体双相钢，该类钢在保持较高强度和硬

度的同时，还具有良好的韧塑性能。目前，该类钢已在部分场合得到推广应用，且取得了较好的效果。然而，在低合金耐磨钢领域，此类双相钢却鲜有研究。因此，在本书的后面章节中，我们将专门针对马氏体-铁素体组织的形态、比例及其控制方法进行研究，并分析其给耐磨性能带来的影响。

此外，复合材料技术的发展，为材料设计提供了新思路。它将金属基体的高韧性与碳化物颗粒（也称金属间化合物）的高硬度有机地结合起来。在遭受磨损时，高硬度的碳化物颗粒会起到支撑作用，从而提高材料的抗磨性，而材料的其他部分则保持着基体的特性，如良好的韧塑性等，因此，该类材料能够表现出优异的耐磨性能。目前，该类耐磨材料已成为新型耐磨材料开发的热点，且在高铬铸铁（铁基合金基体上分布大量的 M_7C_3 型碳化物）[104~106]、高钒耐磨合金（马氏体和奥氏体复合基体上分布大量 VC）[107~109] 上有较多的研究，并得到推广应用，取得了不错的增强耐磨性效果。然而，其硬质颗粒的控制方法主要是采用铸造过程中的定向凝固方法来实现的，尺寸较大，达到了数微米的级别，对材料的韧性不利。因此，探索其他方法，使高硬组织中存在大量碳化物的同时，对韧性的影响较小，是本书的研究重点。

表 2-8 给出了典型碳化物硬质颗粒的硬度值[110]。从表中可以看出，各类碳化物的硬度均远高于表 2-7 中的铁基金属合金中典型组织硬度。在微合金碳化物方面，其差异也较为明显。其中 VC 的硬度为 2090HV，NbC 的硬度为 2400HV，而 TiC 的硬度为 3200HV，因此，将 TiC 作为所选择的碳化物颗粒，在增强耐磨性上可以取得最好的效果。

表 2-8 常见碳化物的硬度[110]

碳化物	M_7C_3	Mo_2C	VC	NbC	Cr_3C_2	WC	TiC
硬度 HV	1200~1600	1500	2090	2400	2700	2800	3200

关于其碳化物的获取形式，目前主要有两种：一种是在合金固溶后时效析出，该类方法可以通过控制固溶后的时效过程，从而达到控制碳化物的数量、形状、大小以及分布状态的目的；另一种是引入外界粒子，即通过外界直接引入微米甚至是纳米级的细小粒子，使其较为均匀地分布在合金中。固

溶后的时效析出，可将碳化物颗粒的尺寸控制在纳米级别水平，同时还有利于碳化物颗粒相与基体相二者间保持共格或半共格的界面关系，从而有利于使材料在具有较高强度和硬度的同时保持良好的韧性。而从外界引入的粒子，其尺寸通常比较大，且引入的粒子大部分与基体呈机械式结合，不利于韧性的提高。

鉴于以上分析，在本书中还将探索以"马氏体强韧性基体 + TiC 硬质颗粒"为材料的组织目标，研究在板条马氏体上分布大量纳米 TiC 析出物的工艺控制方法，以此来实现继续增强耐磨性能的目的。

2.3.2 组织设计结果

从上述分析可以得知，马氏体组织具有较高的硬度，且最容易获得，但其韧塑性相对较差；铁素体组织具有良好的韧塑性能，但其硬度值较低；第二相碳化物颗粒具有超高的硬度，但是其获得过程的控制略为复杂。为此，如何调控马氏体、铁素体及第二相碳化物颗粒，使其达到最佳的强韧性配合，以此来增强其耐磨性能，是本书在组织方面需要探索的一个重点。

在本书的研究中，将探索以板条马氏体、板条马氏体 + 少量铁素体、板条马氏体 + 纳米级碳化钛（或碳化钛钼）为组织目标，通过马氏体的最小单元（原始奥氏体、Block、Packet、Lath），马氏体/铁素体相比例及形态，碳化物的类型、大小、形状及分布的控制，研究其对材料力学性能和耐磨性能的影响规律，从而为实现成本较低、力学性能优良、耐磨性能较高的低合金耐磨钢提供条件。

2.4 实验钢连续冷却相变行为研究

连续冷却相变曲线可以反映该成分下实验钢在不同温度和冷速下的相变行为，还可以得到实验钢在不同的冷却条件下的相组织，从而为该成分条件下得到所需要的组织和性能提供工艺参考。因此，有必要对实验钢在所设计三种成分体系下的连续冷却相变行为进行研究。

2.4.1 实验方法

将实验钢以 20℃/s 的加热速率加热至 1250℃，保温 3min，然后以 10℃/s

的冷却速率冷却至 950℃，保温 5s 后，以 1s^{-1} 的变形速率进行 40% 的单道次压缩变形，然后分别以 0.5℃/s、1℃/s、2℃/s、5℃/s、10℃/s、15℃/s、20℃/s、30℃/s、40℃/s 的冷却速率冷却到室温。具体工艺示意图如图 2-1 所示。实验过程中，记录冷却过程中的热膨胀曲线，并绘制连续冷却过程中的相变曲线，同时在热电偶焊接点处沿试样纵向剖取金相试样，观察组织并检测硬度。

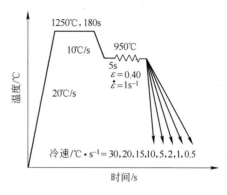

图 2-1　连续冷却相变行为研究工艺示意图

2.4.2　实验结果及分析

2.4.2.1　1 号实验钢连续冷却相变行为研究

按照上述实验方法进行试验，通过实验钢在不同的冷却速率下温度与热膨胀量的关系曲线，找到各温度下的相变点，并绘制成曲线（即动态 CCT 曲线）。图 2-2 给出了 1 号实验钢在不同连续冷却速率下得到的相变曲线。该曲线反映了 1 号实验钢在连续冷却条件下过冷奥氏体的相变规律，是分析相变产物的依据，也是后续制订轧后冷却和热处理工艺的重

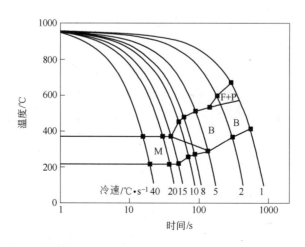

图 2-2　1 号实验钢的连续冷却相变曲线

要参考。

从图 2-2 中可以看出，随着冷速的变化，实验钢呈现出现三种不同的相变区域，即小冷速时的铁素体＋珠光体＋贝氏体区域、中等冷速时的贝氏体区域和大冷速时的马氏体区域。当冷速小于约 3℃/s 时，连续冷却曲线同时经过了铁素体、珠光体和贝氏体相变区，因此可得到铁素体＋珠光体＋贝氏体组织；随着冷速的增加，铁素体和珠光体区域逐渐减少直至消失；当冷速在 3～5℃/s 之间变化时，实验钢的连续冷却曲线只经过贝氏体相变区，因此，在该冷速区间冷却时，仅能得到单一的贝氏体组织；当冷速在 5～15℃/s 之间变化时，连续冷却曲线同时穿过贝氏体和马氏体相变区域，因此得到的组织为贝氏体＋马氏体；当冷速大于 15℃/s 时，连续冷却曲线仅穿过马氏体相变区，因此，实验钢仅能得到单一的马氏体组织。

为了对其连续冷却相变曲线进行进一步确认和验证，对各种冷速条件下的金相组织进行分析。图 2-3 给出了 1 号实验钢在 950℃ 变形后以不同冷速冷却至室温得到的显微组织。从图 2-3a 所示的实验钢在冷速为 1℃/s 时得到组织上可以看出，此时的组织以粒状贝氏体为主，同时存在部分准多边形铁素体和少量的珠光体组织；当冷速增大至 2℃/s 时，多边形铁素体和珠光体组织的量明显减少，贝氏体组织的量在大大增加（图 2-3b）；随着冷速的进一步增大，达到 5℃/s 时，铁素体和珠光体组织几乎全部消失，取而代之的是大量的粒状贝氏体和少量的板条贝氏体组织（图 2-3c）；随着冷速的进一步增加，达到 10℃/s 时，实验钢中除了部分贝氏体组织之外，还出现了较多的马氏体组织，马氏体呈板条状分布在基体中（图 2-3d）；当冷速达到 15℃/s 时，板条马氏体的量进一步增多，贝氏体的量逐渐减少，甚至有消失的趋势（图 2-3e）；当冷速达到 40℃/s 时，得到的组织中全部为板条马氏体组织（图 2-3f）。

对实验钢在不同连续冷却相变下得到的试样宏观硬度进行分析，以此对其得到的组织进一步确认，同时还可为后续实验钢得到更高的硬度和耐磨性提供参考。图 2-4 给出了 1 号实验钢的冷却速率与维氏硬度的关系曲线。从图上可以看出，在变形程度和变形速率一定的情况下，随着冷速的增加，实验钢的宏观硬度先呈现出增大的趋势，当增大到一定的值时，冷速的增加

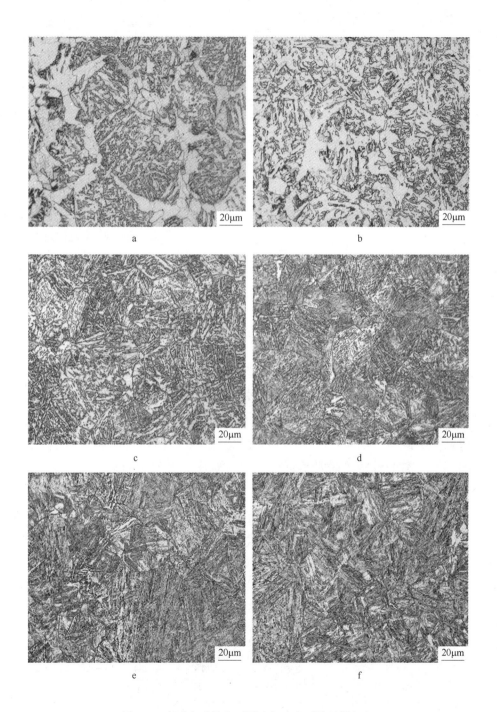

图 2-3 变形奥氏体在不同冷却速率下的显微组织

a—1℃/s；b—2℃/s；c—5℃/s；d—10℃/s；e—15℃/s；f—40℃/s

对硬度的影响不是很明显。这主要是由于当冷速不同时，实验钢相变所产生的组织不同。小冷速条件下得到的是铁素体和珠光体，该类组织具有较低的硬度；而大冷速时得到的是贝氏体和马氏体组织，其均为硬相，具有较高的硬度，因此会得到上述变化。此外，从上述的硬度变化曲线还可以看出，当冷速大于 12℃/s 时，随着冷速的进一步增加，硬度变化不是很明

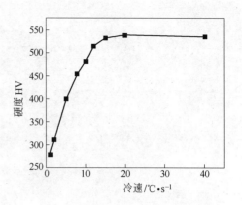

图 2-4　1 号实验钢冷速与硬度的关系

显。因此，实验钢在该成分条件下，如果想得到高的硬度以此来增强耐磨性能，热轧后的冷速只需大于 12℃/s 即可。

2.4.2.2　2 号实验钢连续冷却相变行为研究

图 2-5 给出了 2 号实验钢的连续冷却相变曲线。从图上可以看出，其曲线同样也由三部分的相变区组成，但与 1 号实验钢的连续冷却相变曲线相比，有些细微的差别。在高温的小冷速区间，2 号实验钢得到的铁素体和珠光体区明显较小，其中铁素体区域甚至有消失的迹象；而在贝氏体区域上，2 号实验钢则表现出明显的向右移动的趋势。对比二者的实验成分可以发现，2

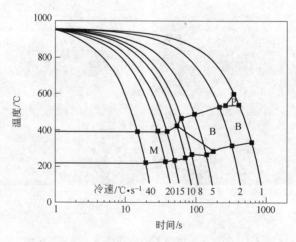

图 2-5　2 号实验钢的连续冷却相变曲线

号实验钢相对于 1 号实验钢多添加了 0.26% 左右的合金元素 Mo。因此，可以得出的结论是，合金元素 Mo 的添加，使实验钢的 C 曲线向右移动。此外，在得到全部马氏体组织的冷速上，2 号实验钢仅需大于 10℃/s 的冷速即可，而未添加 Mo 元素的 1 号实验钢则需要大于 12℃/s 的冷速。该现象表明，合金元素 Mo 的添加，对实验钢淬透性的提高也是有好处的。

图 2-6 给出了 2 号实验钢成分条件下的变形奥氏体在不同冷速下的显微组织。从图上可以看出，当冷速为 1℃/s 时，实验钢中除了有少量的珠光体外，还存在大量的粒状贝氏体组织；随着冷速的增加，达到 2℃/s 时，珠光体几乎消失，出现了大量的板条状贝氏体组织；当冷速达到 5℃/s 时，组织中除了存在少量的贝氏体外，出现了大量的马氏体；当冷速进一步增加，达到 10℃/s 时，组织中几乎全部为板条马氏体组织。对比 1 号钢和 2 号钢在相同冷速下的组织可以发现，在小冷速如 1℃/s 时，2 号钢中的多边形铁素体消失，珠光体明显减少；在较大冷速如 10℃/s 时，2 号实验钢中的组织几乎全部为板条马氏体，而在 1 号实验钢中则还存在较多的板条贝氏体组织。

对 2 号实验钢在不同冷速下的硬度也进行了分析，结果见图 2-7。从图上可以看出，实验钢在 10℃/s 以内的冷速变化时，随着冷速的增加，硬度呈现出急剧增大的趋势；当冷速超过 10℃/s 时，随着冷速的增加，硬度增加趋势不是很明显。结合图 2-6 所示实验钢在不同冷速下得到的组织可知，当冷速小于 10℃/s 时，随着冷速的增大，实验钢中的组织由贝氏体变成马氏体组织，而马氏体相对于贝氏体来说是强硬相，具有较高的硬度。因此，当冷速增加时，马氏体的体积分数增多，使产生的相变强化作用增强，得到实验钢的硬度也会相应地增加；而当冷速大于 10℃/s 时，随着冷速的增加，实验钢中的组织完全转变为马氏体组织，即马氏体相变发生完成，冷速的增加度对马氏体的体积分数影响不大，更大的冷速仅使马氏体内部的位错密度增加，因此，实验钢在更大的冷速时其硬度增加不明显。这与在图 2-7 中观察到的硬度随冷速的变化现象是一致的。

结合 1 号、2 号两种实验钢的成分，对比分析其硬度随冷速的变化曲线（图 2-4 和图 2-7）可以发现，Mo 元素的添加，使实验钢在较小的冷速下就可得到贝氏体甚至是马氏体组织，提高了实验钢的淬透性，从而有利于在同一冷速下得到更高的硬度。此外，从两种成分在同一冷速条件下得到的组织可以发

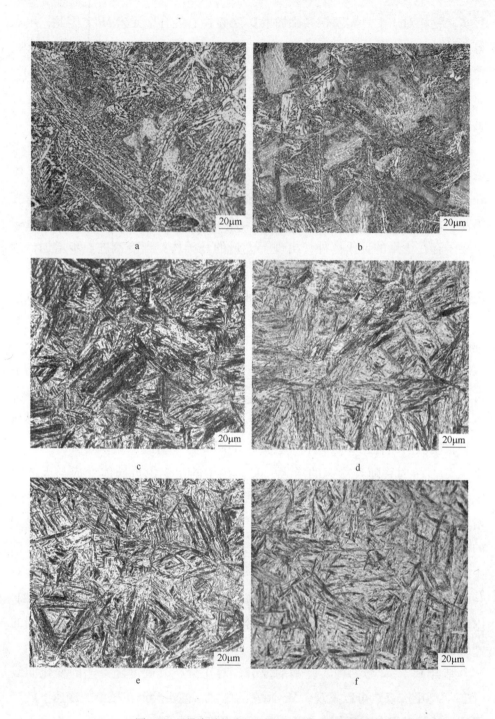

图 2-6 2 号实验钢在不同冷速下的显微组织

a—1℃/s；b—2℃/s；c—5℃/s；d—10℃/s；e—15℃/s；f—30℃/s

现，Mo 元素的添加，对组织的细化还
起到了一定的作用。组织越细小，越
有利于硬度的提高，这也是含 Mo 实验
钢得到高硬度的原因之一。

2.4.2.3 3 号实验钢连续冷却相变行为研究

图 2-8 给出了 3 号钢在不同冷速下
的连续冷却相变曲线。从图中可以看

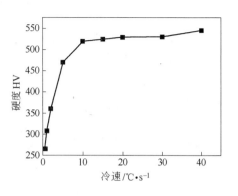

图 2-7 2 号实验钢冷速与硬度的关系

出，该曲线与 2 号钢得到的连续冷却相变曲线极为相似，但是二者存在细微
的差异。在 3 号实验钢得到的曲线中，其贝氏体相变区间略宽，该现象在
10℃/s 的冷速时可以较为明显地观察到。即在冷速为 10℃/s 时，3 号实验钢
得到的曲线上仍然存在部分贝氏体相变区，而在 2 号实验钢得到的曲线中
（图 2-5），该冷速条件下则几乎没有观察到贝氏体相变区。

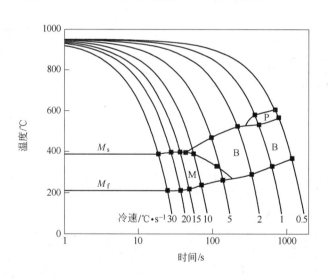

图 2-8 3 号实验钢的连续冷却相变曲线

对 3 号实验钢在不同冷速下得到的组织进行分析，其显微组织如图 2-9
所示。从图中可以看出，3 号实验钢在不同冷速下得到的组织也与 2 号实验
钢相似，只是在珠光体、贝氏体和马氏体的量和形态方面随冷速的不同略有

差别。在小冷速下，如 1℃/s 时，3 号实验钢得到的组织中贝氏体大部分是呈粒状分布，而在 2 号实验钢中的该冷速下，其贝氏体主要是呈板条状分布。

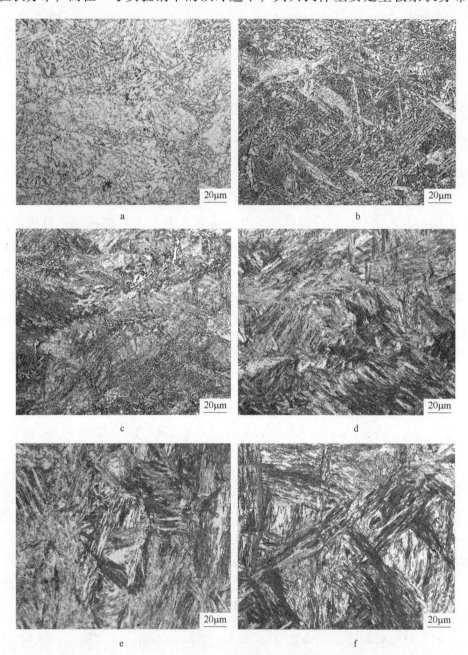

图 2-9　3 号实验钢在不同冷速下的显微组织

a—1℃/s；b—2℃/s；c—5℃/s；d—10℃/s；e—20℃/s；f—30℃/s

在中等冷速如 10℃/s 时，3 号实验钢中仍能观察到极少量的贝氏体组织，而在 2 号钢中的该冷速下则几乎观察不到贝氏体组织的存在。在大冷速如 30℃/s 时，二者得到的均是板条马氏体组织，差别较小。

对 3 号实验钢在不同冷速下的硬度进行分析，结果如图 2-10 所示。从图中可以看出，实验钢的硬度随冷速的变化与 2 号钢也极为相似，只是在 10℃/s 以内的冷速冷却时的硬度变化趋势略为平缓。而在超过 10℃/s 的冷速时，随着冷速的增加，实验钢的硬度仍有稍许增加的趋势。

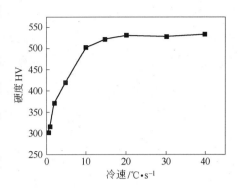

图 2-10　3 号实验钢冷速与硬度的关系

2.4.2.4　讨论

在工艺参数一定的情况下，实验钢得到的组织和硬度与其成分体系密切相关。对比三种实验钢的成分可以发现，三者在合金元素 Mo 及微合金元素 Ti 的添加上有所差异。其中 2 号实验钢比 1 号实验钢多添加质量分数为 0.26% 左右的合金元素 Mo，而 3 号实验钢又比 2 号实验钢多添加了质量分数约 0.135% 的微合金元素 Ti。将 2 号实验钢和 1 号实验钢、3 号实验钢的硬度与冷速的关系在同一坐标中进行比较，结果如图 2-11 所示。从图中可以看

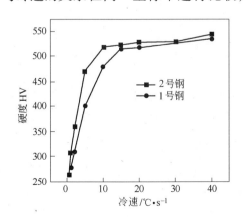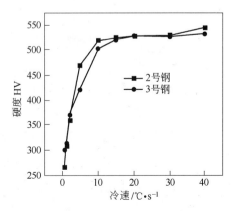

图 2-11　实验钢冷速与硬度的关系及其比较

出，无论是在大冷速还是小冷速时，2号实验钢得到的硬度均比1号实验钢要高，该现象在冷速小于15℃/s时表现尤为突出，当冷速大于15℃/s时，二者硬度的差别略为减小；从2号实验钢和3号实验钢的对比曲线上可以发现，3号实验钢在小冷速如5℃/s及其以内时的硬度值要大于2号实验钢，随着冷速的进一步增加，在5~15℃/s之间时，3号实验钢得到的硬度则小于2号实验钢；当冷速超过15℃/s时，随着冷速的进一步增加，二者的硬度差异逐渐减小。

结合三种实验钢各自的成分体系可以发现，合金元素Mo的添加，有利于促使实验钢在相同冷速下得到更高的硬度，该类现象从二者在相同冷速下得到的组织中（图2-3和图2-6）也可以观察到。而微合金元素Ti的添加对实验钢的硬度影响则相对较为复杂。在小冷速下，微合金元素Ti的添加，使实验钢发生微合金析出（该部分在第5章中将做详细分析），从而产生析出强化作用。因此，在该冷速条件下3号实验钢得到的硬度大于2号实验钢；而当冷速在5~15℃/s时，较大的冷速抑制了析出的发生，从而降低了析出强化的效果，此时随着冷速的增加，相变强化在实验钢中起主要作用。而较多的微合金元素Ti的添加，使实验钢在热变形后得到的组织更为细小，在相同条件下，组织的细化会对淬透性产生不利的影响[111]，因此，会出现在5~15℃/s的中等冷速下3号实验钢的硬度小于2号实验钢的硬度的情况；随着冷速进一步增大，两种成分下的实验钢均完全发生马氏体相变，即淬透性的影响基本上被消除，所以会出现后续两种成分下的实验钢硬度差异逐渐减小的现象。

2.5　本章小结

（1）采用无Mo、Ni的低成本型，添加少量Mo的合金型和高微合金元素Ti的三种成分设计，并以板条马氏体、板条马氏体-铁素体、板条马氏体-纳米碳化物为组织目标，对其成分和组织设计依据分别进行了阐述。

（2）三种成分体系下连续冷却相变实验表明，在较大冷速的条件下，设计的实验钢均可得到以板条马氏体为组织基体、性能满足国标要求的耐磨钢NM500。

（3）Mo元素的添加，促进了实验钢中铁素体组织由多边形向针状转变，

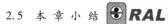

使实验钢的 C 曲线向右移动，同时还提高了实验钢的淬透性，从而有利于增加实验钢的硬度。

（4）较多微合金元素 Ti 的加入，在小冷速条件下会产生强烈的析出强化作用，随着冷速的增加，该作用逐渐减弱甚至消失；同时，Ti 元素的添加还会细化实验钢组织，使得实验钢的淬透性略有降低。

3 马氏体耐磨钢组织性能控制及磨损机理

3.1 引言

在钢的各类典型组织中，马氏体组织因具有高的强度、硬度等特点而成为高强钢和超高强度钢中的重要组织选择之一。通常情况下，马氏体的三维组织形态有片状（plate）和板条状（lath）两种，其中片状马氏体在金相观察中（二维）表现为针状（needle-shaped），板条状马氏体在金相观察中为细长的条状或板状[112]。片状马氏体具有高强度和高硬度，但韧性很差，其特点是硬而脆。在相同屈服强度的条件下，板条马氏体比片状马氏体的韧性好很多，即板条马氏体可以在具有较高强度、硬度的同时，还具有相当高的韧性和塑性[113]。而在低碳板条马氏体钢中，其微观结构分别由原始奥氏体晶粒、板条束（Packet）、板条块（Block）和板条（Lath）几部分组成[58,114~116]。板条束为原始奥氏体晶粒内具有相同习惯面的马氏体板条晶区，板条块为板条束内大角度晶界包围的区域，具有相似的晶体学取向。部分研究表明[55,58]，板条块宽度是强度的有效控制单元，而板条束尺寸是韧性的有效控制单元。因此，可以通过控制板条马氏体微观结构中的板条块和板条束来达到控制板条马氏体钢强度和韧性的目的。

在本章中，将以第2章中设计的无Ni、Mo等贵重合金元素的低成本型实验钢为研究对象，通过对实验钢热处理前的组织性能控制，研究其对热处理后的马氏体最小单元、力学性能和三体冲击磨料磨损性能的影响；通过对热处理过程中马氏体最小单元的控制，研究该过程中原始奥氏体晶粒尺寸、Block尺寸、Packet尺寸及铁碳化合物的变化规律，并分析其与力学性能和三体冲击磨料磨损性能之间的关系，为该类钢得到高的强韧性、良好的耐磨性能奠定基础；最后，将本章的研究结果应用于国内某钢厂工业化大生产，分析了工业化大生产得到实验钢的组织、性能和三体冲击磨料磨损性能。

3.2 实验钢成分及其实验方法

3.2.1 实验钢成分

本部分实验钢采用第 2 章中设计的 1 号无 Ni、Mo 贵重合金元素的低成本实验钢，具体小炉真空冶炼结果见表 3-1。将冶炼后的实验钢进行锻造开坯处理，截面尺寸为 100mm×100mm×120mm，然后利用东北大学 RAL 实验室的 φ450mm 二辊可逆实验热轧机进行热轧实验。φ450mm 实验轧机主要参数：最大轧制力 4000kN，电机功率 400kW，轧制速度 0～1.5m/s，最大开口度 170mm。该实验轧机配备有超快冷及层流冷却装置，为实现实验钢轧制后的加速冷却控制提供了条件。实验过程中的温度测量均采用产自日本的 ICON 手提式红外线测温仪进行。

表 3-1　实验钢化学成分　　　　　　（质量分数,%）

编号	C	Si	Mn	P	S	Cr	Ti	Mo	B
1	0.26	0.28	1.21	0.008	0.001	0.30	0.015	0.004	0.0015

对热轧后的钢板进行组织和性能检测，并进行相关分析。其中显微组织在 LEICA-DMIRM 多功能金相显微镜、ZEISS ULTRA 55 场发射扫描电镜上观察；微细结构及析出物在 TECNAI G220 型透射电镜上观察；拉伸性能测试在 CMT5105-SANS 微机控制电子万能实验机上进行，拉伸试样采用直径为 5mm 的圆形试样，标距长度为 25mm，平行长度 35mm；纵向 -40℃ 低温 V 形缺口夏比冲击在 9250HV 落锤冲击实验机上进行，冲击试样尺寸为 10mm×10mm×55mm；宏观维氏硬度在 HV-50A 硬度计上测量，压力为 100N。

3.2.2 实验方法

3.2.2.1 轧制及轧后冷却工艺对离线热处理组织性能研究方法

为研究轧制及轧后冷却工艺对实验钢离线热处理后组织和性能的影响，对实验钢采取了四种轧制和轧后冷却工艺，并将其在同一种热处理工艺下进行离线热处理。在本章中，所采取的淬火温度选在实验钢的 A_{c3} 温度以上的 900℃ 淬火，以此实现实验钢的完全奥氏体化，使淬火后得到全部或 95% 以上的马氏体组织。具体的轧制及轧后冷却工艺示意图如图 3-1 所示。即将实验钢所冶炼的坯料加热到 1200℃ 保温 2h，然后分 9 道次轧制至 12mm 的厚度规格。轧制及轧后冷却工艺分别采取以下四种工艺制度，即：A1 高温常规轧制后空冷至室温；A2 控制轧制后空冷至室温；A3 控制轧制后层流冷却至贝氏体区间然后空冷至室温；A4 较低温度下控制轧制后层流冷却至贝氏体区间，然后空冷至室温。具体实验过程中的工艺参数控制见表 3-2。

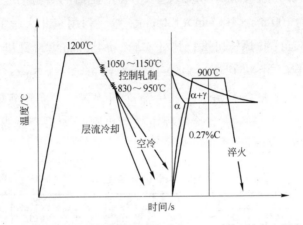

图 3-1　轧制及轧后冷却工艺对离线热处理工艺的影响工艺示意图

表 3-2　实验钢轧制及轧后冷却实验过程中具体的实验参数控制

序　号	工　艺　参　数
A1	高温直接轧制，终轧温度为 981℃，轧后空冷至室温
A2	两阶段控制轧制，粗轧终轧温度为 997℃，精轧终轧温度为 910℃，轧后空冷至室温
A3	两阶段控制轧制，粗轧终轧温度为 1002℃，精轧终轧温度为 890℃，轧后层流冷却至 560℃，其中层流冷却速度约为 15℃/s，然后空冷至室温
A4	两阶段控制轧制，粗轧终轧温度为 1014℃，精轧终轧温度为 820℃，然后层流冷却至 500℃，其中层流冷却速度约为 15℃/s，然后空冷至室温

对四种轧制及轧后冷却的实验钢在同一完全奥氏体化温度下进行热处理实验，其中淬火温度为 900℃，保温时间为 10min。最后统一进行组织、力学性能及三体冲击磨料磨损性能分析。

3.2.2.2　离线热处理过程中马氏体的控制方法

为了研究离线热处理过程中实验钢的组织性能变化及其给磨损性能带来

的影响，将实验钢的轧制及轧后冷却工艺固定，然后进行不同工艺条件下的离线热处理实验。其中淬火工艺示意图如图 3-2 所示。即将实验钢在进行两阶段控制轧制后，空冷至室温，然后进行 840～1000℃不同温度下的离线淬火处理，通过淬火过程中加热温度的变化使马氏体结构单元发生改变，从而达到控制马氏体结构单元的目的。实验钢在淬火后统一进行 190℃下的低温回火，回火保温时间为 36min。

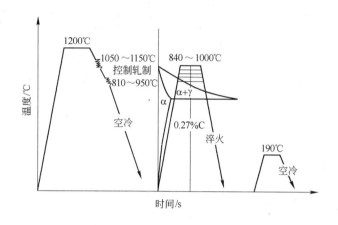

图 3-2　淬火工艺研究工艺示意图

通常情况下，淬火后的钢会不稳定，需要回火，而回火的过程也会对实验钢的组织和性能带来变化。在本章中，将轧制及淬火工艺均固定，即采用两阶段轧制后空冷至室温，然后离线加热至 880℃淬火，并进行 150～230℃的低温回火实验，以此研究回火温度对实验钢的组织、性能和磨料磨损性能的影响规律。具体的工艺示意图如图 3-3 所示。

3.2.2.3　三体冲击磨损性能研究方法

三体冲击磨料磨损实验主要是为了模拟低合金耐磨钢最常用工况条件下的磨损情况，以此来评价其耐磨性能，从而为提高该类耐磨钢的耐磨性能提供充分的依据。如煤矿用刮板运输机、挖掘机衬板、自卸式车厢及水泥球磨机等，该类工况条件下磨件经常会受到一定冲击应力的磨粒磨损。该实验在东北大学轧制技术及连轧自动化国家重点实验室进行，实验设备为张家口诚信设备实验制造有限公司制造的 MLD-10 动载磨粒磨损试验机。该设备能够

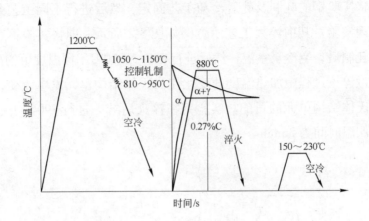

图 3-3   回火工艺研究工艺示意图

模拟在有冲击和无冲击载荷情况下接触或无接触式滚动与滑动摩擦情况，具体实验设备如图 3-4 所示。其冲击功的大小可在 0 ~ 5J 范围内自由调整，单位时间内的冲击频率可自由设置为 50 次/min、100 次/min、150 次/min 和 200 次/min，磨料流量可根据实验需求在 0 ~ 80kg/h 范围内调整。按照实验标准要求，将需测试钢板加工成 10mm × 10mm × 30（或 40）mm 的试样，要求试样表面光洁，其两个端面必须严格与侧面垂直。在本次试验中，采用热处理后的 45 号钢为磨损时的下试样，其布氏硬度 567HBW。

为了便于统计分析，在本章实验过程中，将所有的实验参数固定设置，其中冲击功为 2J；冲击频率为 100 次/min；磨料流量为 70kg/h；磨料为 8 ~ 10 目石英砂（见图 3-5，直径 2 ~ 3mm）；称重天平精度为 0.1mg。以此来评

图 3-4   MLD-10 动载磨粒磨损试验机   图 3-5   实验中所用磨料石英砂照片

价该工况条件下的耐磨性。图 3-6 为磨损区域照片及其示意图。

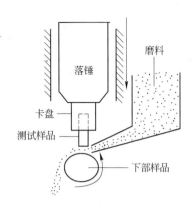

图 3-6　磨损区域照片及其示意图

试验中，每隔 30min 对磨损试样进行一次称重，称重前将试样放入丙酮溶液中，并在 KQ2200E 型超声波清洗器上清洗 15min 以上，然后吹干，以清除附着在磨损试样表面的污渍及铁屑，确保测量值足够精确。称重在精度为 0.1mg 的 CP225D 电子天平上进行，记录实验钢在各时间段的磨损失重，并对其耐磨性进行评价。采用 ZEISS ULTRA-55 场发射扫描电镜对试样的磨损表面形貌进行观察，分析其磨损机理。

在耐磨性能的评定中，目前主要有三种方法，即磨损量、磨损率和相对耐磨性。关于磨损量主要是以磨损前后的质量失重来评定的，如式（3-1）所示：

$$X = W_0 - W \tag{3-1}$$

式中　X——磨损质量，g；

　　　W_0——样品磨损前质量，g；

　　　W——样品磨损后质量，g。

磨损率用磨损量与磨损时间的比值来表示。

而相对耐磨性则主要是指被测试材料在相同的外部条件下与标准试样（或参考试样）磨损失重的比值，可根据式（3-2）计算得出：

$$\eta = \frac{X_1}{X_2} \tag{3-2}$$

式中　η——所测实验材料的相对耐磨性；

　　　X_1——标准试样（或参考试样）的磨损失重，g；

　　　X_2——所测试样的磨损失重，g。

3.3　实验结果及其分析

3.3.1　轧制及轧后冷却工艺对实验钢离线热处理组织性能的影响

　　为了研究轧制及轧后冷却工艺对离线热处理后的组织和力学性能带来的影响，对实验钢离线热处理前进行四种不同的轧制及轧后冷却实验，其工艺方案详见本章 3.2.2.1 节所述。图 3-7 给出了实验钢在四种不同轧制及轧后冷却工艺条件下得到的金相组织。从图中可以看出，四种工艺条件下得到的组

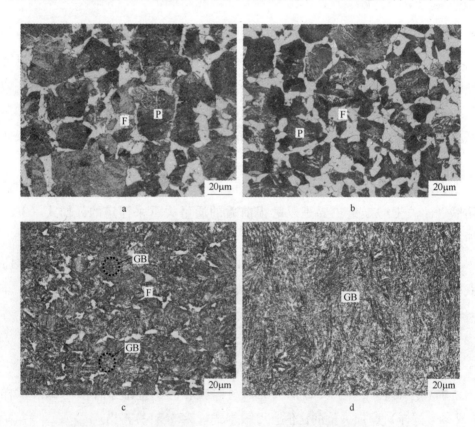

图 3-7　实验钢在四种不同的轧制及轧后冷却工艺条件下的金相组织

a—A1；b—A2；c—A3；d—A4

织存在着较大的差异，其中工艺 A1 和 A2 得到的组织主要为多边形铁素体和片状珠光体组织；而工艺 A3 得到的组织中除了存在少量的多边形铁素体外，还出现了大量的粒状贝氏体组织；工艺 A4 得到的组织主要由大量的粒状贝氏体组织和少量的针状铁素体组织组成。

将四种 TMCP 后的实验钢进行同一工艺条件下的离线热处理实验，其中淬火温度为 900℃，保温 10min。各工艺条件下热处理后的组织如图 3-8 所示。从图中可以看出，四种 TMCP 工艺条件下完全淬火后得到的组织全部为马氏体，马氏体呈典型的板条状均匀分布，由于热处理之前的工艺制度差异，热处理后得到的马氏体尺寸大小略有差别。工艺 A1 采用高温条件下的直接轧制工艺制度，因此，从淬火后得到金相组织上可以观察到尺寸

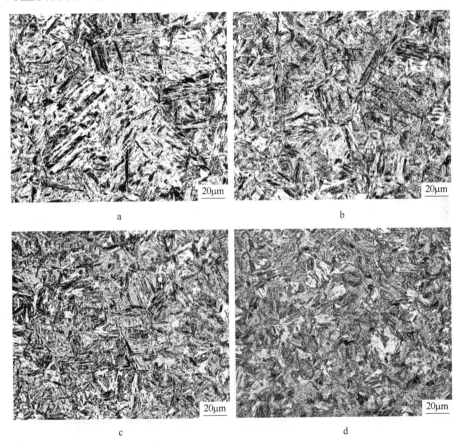

图 3-8 不同轧制及轧后冷却工艺和相同的热处理工艺后得到的组织

a—A1；b—A2；c—A3；d—A4

较为粗大的板条马氏体（图 3-8a）；从图 3-8b 所示实验钢在工艺 A2 条件下热处理得到的组织可以看出，与工艺 A1 条件下直接轧制并热处理得到的组织相比，工艺 A2 得到的马氏体略为细小。图 3-8c 和图 3-8d 给出了实验钢在控制轧制后层流冷却和低温控制轧制后层流冷却然后热处理得到的组织，与图 3-8a 和图 3-8b 所示组织相比，这两种工艺条件下的马氏体组织均有进一步细化的迹象。

对四种工艺条件下的原始奥氏体晶粒进行分析，结果见图 3-9。从图中可以看出，随着热处理前轧制及轧后冷却工艺的改变，原始奥氏体晶粒尺寸也发生了相应的变化。工艺 A1 条件下热处理后得到的原始奥氏体晶粒尺寸明显大于工艺 A2、A3、A4 条件下得到的晶粒尺寸。离线热处理前的控制轧制和

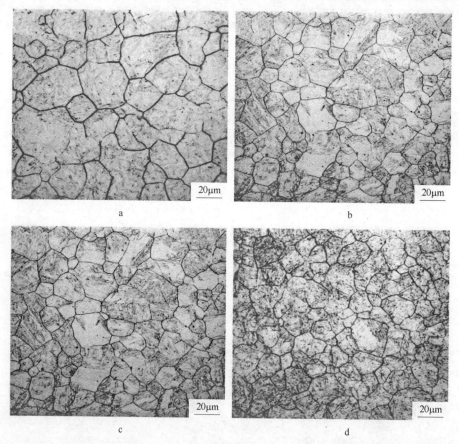

图 3-9　不同轧制及轧后冷却工艺和相同的热处理工艺后得到的原始奥氏体晶粒

a—A1；b—A2；c—A3；d—A4

轧后控制冷却均有利于细化热处理后的原始奥氏体晶粒。

根据国标 GB/T 6384—2002《金属平均晶粒度测定方法》,采用直线截点法统计测量各工艺参数下的平均原始奥氏体晶粒尺寸,得到的结果如图 3-10 所示。从图中可以看出,控制轧制及轧后冷却对原始奥氏体晶粒的影响较为明显。在其他工艺相同的条件下,控制轧制(工艺 B)与非控制轧制(工艺 A)相比平均原始奥氏体晶粒尺寸减小了 3μm;而轧后层流冷

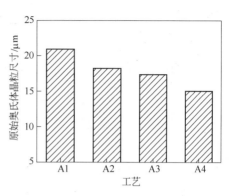

图 3-10　不同工艺条件下的
原始奥氏体晶粒尺寸

却工艺(工艺 C)相对于轧后空冷工艺(工艺 B)对原始奥氏体晶粒尺寸的改变不是特别明显,仅减小 1μm 左右;实验钢在较低温度的控制轧制后进行一定的层流冷却得到的平均原始奥氏体晶粒尺寸最为细小,为 15μm 左右。控制轧制和轧后冷却工艺使实验钢原始奥氏体晶粒尺寸发生改变的主要原因是,轧制和轧后冷却使得实验钢热处理前的组织及其结构发生了变化,从而使实验钢在再加热过程中奥氏体的形核位置和扩散速度发生变化。控制轧制过程使得部分原始晶界被压扁、拉长,而在再加热过程中,奥氏体晶粒优先在能量较高的晶界周围形核,进而发生核长大和合并。轧后冷却工艺使得再加热淬火前的组织类型发生了变化,不同的组织类型在再加热过程中的扩散速度不同,从而也会对奥氏体的形核和核长大产生一定的影响。

四种轧制及轧后冷却工艺条件下的实验钢在离线热处理后得到的力学性能如图 3-11 所示。从图中可以看出,四种工艺条件下热处理后的实验钢均表现出极高的力学性能,其中抗拉强度在 1600MPa 以上,伸长率在 11% 以上,维氏硬度在 540HV 以上,−40℃冲击韧性在 23J 以上。对比四种工艺条件下的力学性能可以发现,其中强度、硬度及低温冲击韧性随工艺的不同存在较为明显的差异。在工艺 A1 条件下热处理后得的强度、硬度和低温冲击韧性均最低,而工艺 A4 条件下热处理后得到的最高,工艺 A2 和 A3 条件下热处理后得到性能则处在 A1 和 A4 之间,且二者相差不大,在伸长率方面,四种工艺条件下的变化不是很明显,其值在 11% ~ 13% 之间变化。

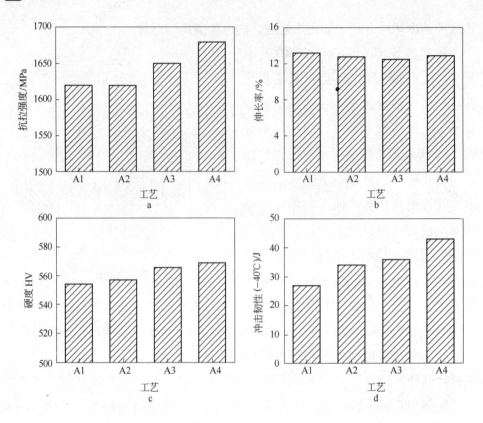

图 3-11 不同轧制及轧后冷却工艺和相同热处理工艺后的力学性能

a—抗拉强度；b—伸长率；c—硬度；d—冲击韧性

对四种工艺条件下热处理后的实验钢进行三体冲击磨料磨损性能测试，具体工艺方案及实验参数见本章 3.2.2.3 节所示。实验钢在各种工艺条件下 90min 三体磨损后的失重柱状图如图 3-12 所示。从图中可以看出，实验钢热处理前的轧制及轧后冷却工艺均对实验钢的磨损性能有影响。控制轧制（工艺 A2）后离线热处理得到的实验钢较直接轧制（工艺 A1）离线热处理后得到的实验钢的磨损失重低；而控制轧制后层流冷却（工艺 A3）离线热处理后得到实验钢的磨损失重与控制轧制后空冷（工艺 A2）后离线热处理的实验钢相比，二者差别不大；与其他三种工艺相比，较低温度下的控制轧制，然后层流冷却至贝氏体区间，并进行离线热处理的工艺条件，得到的实验钢的磨损失重最少。根据耐磨性和磨损失重的关系可知，工艺 A4 条件下离线热处理后得到的耐磨性最高，工艺 A1 条件下离线热处理后得到的耐磨性最低，而工艺 A2 和工艺 A3 条件下离线热处理后得到的耐磨性差别不是很明显。

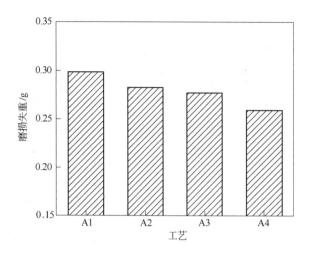

图 3-12　不同轧制及轧后冷却工艺和相同
热处理工艺后 90min 的三体磨损失重

　　由于四种工艺条件下磨损面的宏观形貌差异不大，仅对其中一种工艺（工艺 A2）条件下的磨损面形貌进行分析，结果见图 3-13。从图 3-13a 所示实验钢的磨损面宏观形貌上可以看出，实验钢的磨损面主要由塑变疲劳区域组成，同时伴随有极少量的犁沟（图中的深黑色）和磨料崁入（图中的白色）情况。图 3-13b 给出了实验钢宏观形貌上的 A 处放大。从图中可以看出，该处为典型的塑变疲劳产生的磨损形貌，即实验钢基体在遭受反复的塑性变形后逐渐发生疲劳脱落。在部分脱落的位置还残留有少量的磨料（图 3-13b 中的白色位置），该磨料的存在，会加剧塑变疲劳的发生，也会加速磨损的发

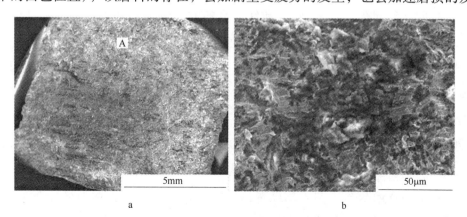

图 3-13　典型的磨损面形貌（a）及局部放大（b）

生，从而对实验钢的耐磨性产生不利的影响。

由本书第 1 章和第 2 章中的分析可知，材料在遭受塑变疲劳磨损时，其磨损率是硬度和断裂韧性的乘积共同作用的结果。在本部分实验中，实验钢由于热处理前四种不同的工艺，得到了四种不同的组织，从而使得热处理后的硬度和低温冲击韧性也有所不同。热处理前的控制轧制，有利于实验钢原始奥氏体晶粒尺寸的细化（见图 3-9 和图 3-10），从而使得断裂韧性得到改善（见图 3-11）；而原始奥氏体晶粒尺寸的细化，其细晶强化的作用对强硬度的提高也是有好处的（见图 3-11）。高的韧性和硬度会使实验钢产生高的抗疲劳磨损性能，因此，热处理前的控制轧制对实验钢的耐磨性是有利的。在轧后的冷却工艺方面，一方面是不同的冷却方式下得到的组织不同，从而使得在离线再加热奥氏体化过程中的扩散速度不同。组织越细小，扩散速度越快，越有利于奥氏体的形成，从而对后续淬火后的马氏体形成也是有利的。另一方面，轧后冷却速度越大，越有利于抑制晶粒尺寸的长大，从而有利于细化淬火后的马氏体组织。细小的马氏体组织，有利于增加钢的硬度和韧性，从而有利于提高耐磨性能。综上分析可知，实验钢在热轧时采取适当的控制轧制和控制冷却工艺制度，对实验钢离线热处理后的三体冲击磨料磨损性能的提高是有益处的。

3.3.2 热处理过程组织性能控制

3.3.2.1 淬火过程组织性能控制

选取实验钢在工艺 A2 轧制和轧后冷却条件下（即两阶段控制轧制后空冷至室温）进行不同温度下的离线热处理实验。其中淬火温度分别为 840℃、860℃、880℃、900℃、920℃、960℃、1000℃，淬火保温时间均为 10min；淬火后统一进行 190℃ 的回火。不同的淬火温度和相同回火温度条件下得到的组织如图 3-14 所示。从图中可以看出，实验钢在 840 ~ 1000℃ 内淬火和 190℃ 回火时，得到的组织均为回火马氏体组织。由第 2 章中得到的实验钢的 A_{c3} 温度可知，实验钢所选取的淬火温度均为完全奥氏体化以上的温度，且淬火过程中的冷速较大、回火温度极低，因此，得到的组织均为马氏体组织。从该图中我们还可以看出，各组织中的马氏体呈典型的板条状，板条周围存在着较多的亚结构；原始奥氏体晶界依然清晰可见，且每个原始奥氏体中存在着多个板条束（packet）和板条块（block）。随着淬火温度的上升，原始奥氏体逐渐出现均匀、粗化长大现象；此外，随着淬火温度的上升，马氏体中微观结构也发生了变化，其中板条块出现减少的迹象，而在板条束方面，则

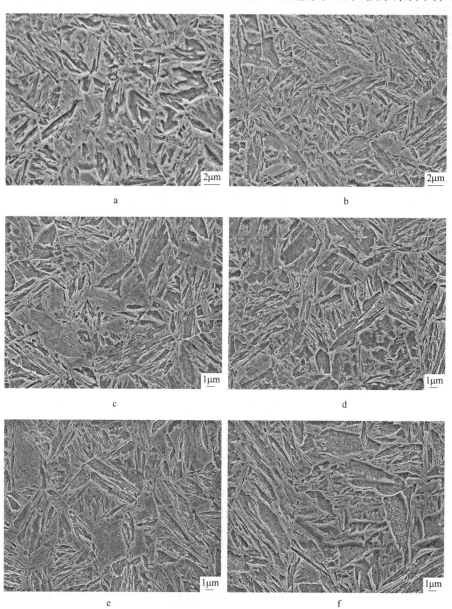

图3-14　实验钢在不同淬火温度190℃回火后得到的金相组织

a—840℃；b—860℃；c—880℃；d—900℃；e—920℃；f—1000℃

可以观察到较为明显的增多。

实验钢在不同的淬火温度下得到的力学性能见图3-15，从图中可以看出，实验钢在840~1000℃内淬火、190℃回火时均表现出极高的力学性能。其抗拉强度达到了1600MPa以上，屈服强度达到1300MPa以上，伸长率在10%以上，-40℃冲击韧性达到了30J以上，维氏硬度超过480HV，远高于国标GB/T 24186—2009《工程机械用高强度耐磨钢板》中NM500对力学性能的要求。

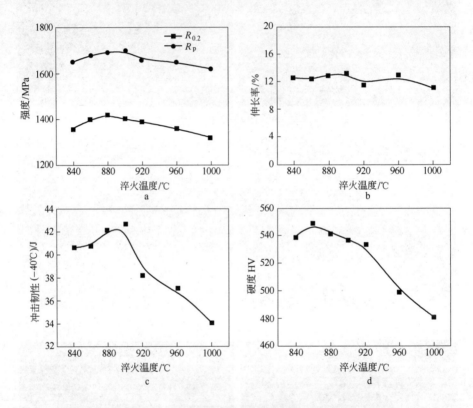

图3-15 实验钢在不同淬火温度下的力学性能
a—强度；b—伸长率；c—低温冲击韧性；d—硬度

从图3-15中还可以看出，随着淬火温度的变化，实验钢各项性能之间的变化趋势表现出一定的差异。其中抗拉强度和屈服强度、低温冲击韧性及维氏硬度均表现出随着淬火温度的上升先增加后降低的现象，但伸长率的变化则不是很明显。其中抗拉强度和低温冲击韧性均在880~900℃范围淬火时表现出最大值，而维氏硬度则在840~860℃之间表现出最大值。在低温冲击韧性和维氏硬度方面，当淬火温度超过900℃时，其值均表现出明显的下降趋势。

　　为了进一步分析淬火温度对实验钢力学性的影响原因，对实验钢在不同的淬火温度下的原始奥氏体晶粒进行分析，各淬火温度下的原始奥氏体晶粒照片见图3-16。可以看出，随着淬火温度的升高，实验钢中的原始奥氏体晶

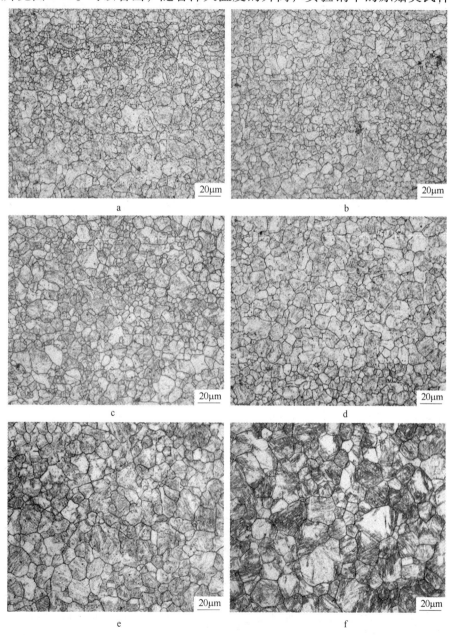

图3-16　实验钢在不同温度下淬火时所对应的原始奥氏体晶粒照片

a—840℃；b—860℃；c—880℃；d—920℃；e—960℃；f—1000℃

粒平均尺寸呈现出增大趋势。在 840℃、860℃和 880℃淬火时，实验钢中的原始奥氏体晶粒尺寸表现出不均匀现象，具体表现为观察到较多晶粒尺寸小于 5μm 及部分达到 15μm 的原始奥氏体晶粒共存的现象。当淬火温度达到 900℃及其以上时，原始奥氏体晶粒出现明显的长大和均匀化。当淬火温度上升到 1000℃时，原始奥氏体晶粒出现明显的粗化，部分晶粒尺寸甚至达到了 30μm 以上。

根据国标 GB/T 6384—2002《金属平均晶粒度测定方法》，按照直线截点法统计测量各工艺参数下的原始奥氏体晶粒尺寸。实验钢在不同的淬火温度下得到的原始奥氏体晶粒尺寸如图 3-17 所示。从图中可以看出，当实验钢在 840～1000℃范围内淬火时，随着淬火温度的上升，平均原始奥氏体晶粒尺寸呈增加的趋势。当淬火温度在 880℃及其以下淬火时，平均晶粒尺寸变化较小；随着淬火温度的升高，当达到 900℃及其以上温度

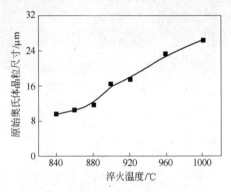

图 3-17 实验钢原始奥氏体晶粒尺寸随淬火温度的变化

淬火时，平均原始奥氏体晶粒尺寸增加较为明显；当淬火温度达到 1000℃时，平均原始奥氏体晶粒尺寸达到 26μm，表现出远高于 840℃淬火时的水平。

根据晶体学关系，学术界把中低碳钢中的马氏体组织分为原始奥氏体晶粒、板条束（Packet）、板条块（Block）和板条（Lath）四个部分[119]。由于板条块宽度在光学显微镜下难以辨认，近年来，部分研究人员将精确分析材料微观组织特征的 EBSD（Electron Backscatter Diffraction）技术应用到钢铁材料研究中，并通过安装在扫描电镜上的 EBSD 测试系统对马氏体微观组织亚结构的晶体学取向及取向差比例分布进行分析，取得了不错的效果[120～124]。在采用 EBSD 分析时，其取向图的步长尺寸选定根据 Block 的宽度来确定，通常情况下比 Block 的宽度要小，在本试验中将步长选定为 0.05μm。

在实验钢 880℃淬火时得到的组织中任选一区域，通过安装在扫描电镜

上的 EBSD 测试系统对其分析，结果如图 3-18 所示。该区域的分析包括了 EBSD 衍射花样质量图（图 3-18a）及与其相对应的取向图（图 3-18b）、晶界图（图 3-18c）和取向差角比例分布图（图 3-18d），取向图中不同颜色代表不同的晶体学取向。可以看出实验钢在此淬火温度下淬火时得到的马氏体板条束（Packet）由三种完全不同取向的板条块（Block）组成。晶界图中相邻点取向差大于 15°的晶界用黑线表示，为大角度晶界（HAGB）；相邻点取向小于 15°的晶界用灰线表示，为小角度晶界。从实验钢的分析图中可以看出，马氏体板条束（Packet）内有若干个大角度晶界（Block），而 Block 内以小角度晶界为邻。从取向差比例分布图中可以看出，大角度晶界即 Block 界主要

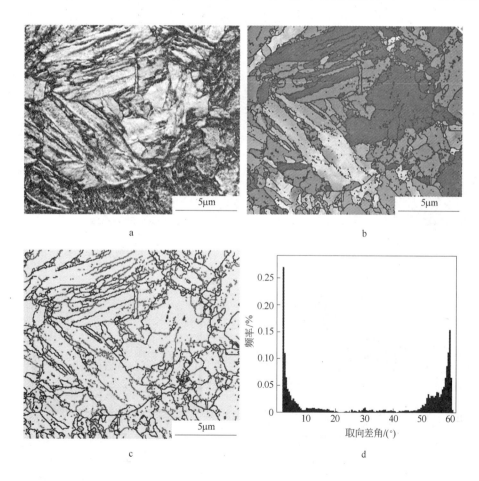

图 3-18　实验钢 880℃淬火时的 EBSD 分析图

a—EBSD 衍射花样质量图；b—取向图；c—晶界图；d—取向差角比例分布图

分布在 60°左右，可推断出 Block 界在 60°左右。从图中还可以看到，该温度下淬火得到的大角度晶界（取向差角大于 15°）较多，所占比例为 66.2%。用直线截取法测量 Block 的宽度，其宽度在 0.2 ~ 1.7μm 之间，平均宽度约为 0.71μm。

随着奥氏体化温度的升高，原始奥氏体晶粒尺寸逐渐增大，板条马氏体的晶界结构也随之发生变化。图 3-19 给出了实验钢在 920℃淬火时所得到的组织中任选一区域的 EBSD 分析结果。与 880℃淬火时相比，该温度下淬火时得到的板条块尺寸明显增大，其宽度在 0.4 ~ 1.9μm 之间，平均宽度约为 1.09μm。从图 3-19d 所示取向差角比例分布图来看，实验钢在 920℃淬火时的大角度晶界所占比例为 61.1%。

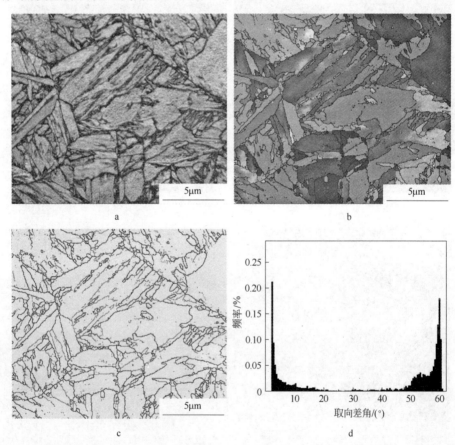

图 3-19　实验钢 920℃淬火时的 EBSD 分析图

a—EBSD 衍射花样质量图；b—取向图；c—晶界图；d—取向差角比例分布图

　　图 3-20 给出了实验钢在 960℃淬火时所得到的组织中任选一区域的 EBSD 分析结果。从图中可以看出，随着淬火温度的升高，板条块的尺寸继续增大，其宽度在 0.6 ~ 2.4μm 之间，平均宽度约为 1.45μm。从图 3-20d 所示取向差角比例分布图来看，960℃淬火时大角度晶界所占比例为 58.5%。

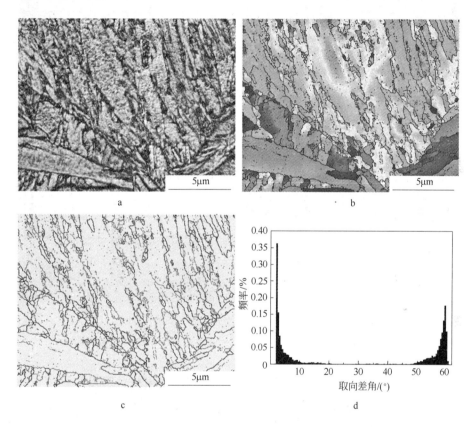

图 3-20　实验钢 960℃淬火时的 EBSD 分析图

a—EBSD 衍射花样质量图；b—取向图；c—晶界图；d—取向差角比例分布图

　　图 3-21 给出了实验钢在 1000℃淬火时所得到的组织中任选一区域的 EBSD 分析结果。与在 960℃淬火时相比，1000℃淬火得到的板条块尺寸表现出明显的增大趋势，其宽度在 1.6 ~ 4.2μm 之间，平均宽度约为 1.73μm。从图 3-21d 所示取向差角比例分布图来看，1000℃淬火时大角度晶界所占比例为 50.7%。对比各奥氏体化温度发现，随着温度升高，大角度晶界所占比例逐渐降低。

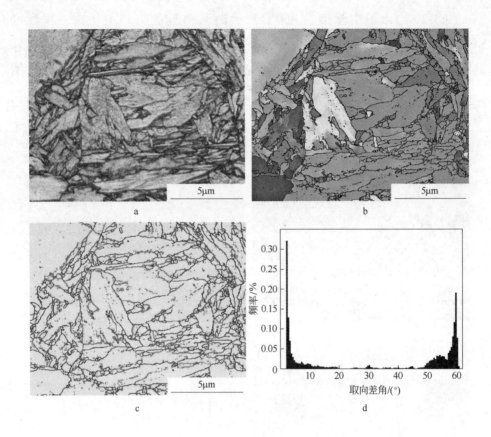

图 3-21　实验钢 1000℃淬火时的 EBSD 分析图

a—EBSD 衍射花样质量图；b—取向图；c—晶界图；d—取向差角比例分布图

图 3-22 给出了实验钢分别在 860℃、880℃、920℃、1000℃温度下淬火时得到马氏体组织的 TEM 照片。从图中可以看出，实验钢在透射电镜下具有典型的板条马氏体形貌，在马氏体板条内部观察到大量具有高密度位错的亚结构，同时发现了一些长条状的碳化物。用直线截取法对 Lath 宽度进行测量，得出与四种奥氏体化温度相对应的 Lath 宽度分别为 0.369μm、0.366μm、0.371μm 和 0.370μm。通过本章上小节的分析可知，四种奥氏体化温度下的原始奥氏体晶粒平均尺寸分别为 10.5μm、11.7μm、17.6μm 和 26.4μm。该结果表明，随着奥氏体晶粒尺寸的增大，马氏体的板条宽度变化不明显，即原始奥氏体尺寸变化对 Lath 宽度的改变不明显。随着淬火温度的变化，实验钢马氏体中板条的宽度在 0.37μm 左右。

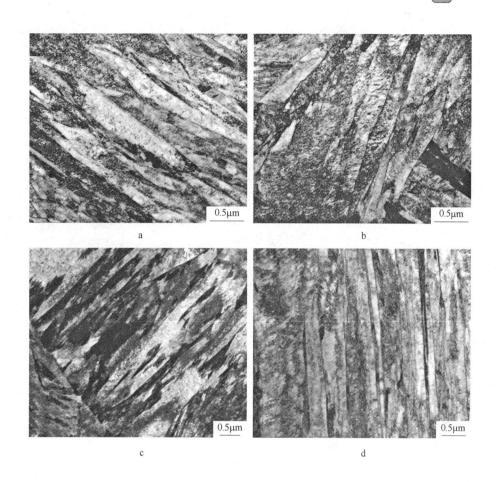

图 3-22   实验钢在不同奥氏体化温度下淬火时的马氏体板条透射电镜照片

a—860℃；b—880℃；c—920℃；d—1000℃

在淬火后得到的实验钢板条马氏体结构中，大角度晶界主要包括原始奥氏体晶界、马氏体板条束（Packet）边界、马氏体板条块（Block）边界，而马氏体板条（Lath）边界属于小角度晶界。在本实验中，随着奥氏体化温度的升高，原始奥氏体晶粒尺寸发生了明显的变化，且马氏体板条束尺寸和板条块宽度随着原始奥氏体晶粒尺寸的减小而减小，而马氏体板条宽度对原始奥氏体晶粒尺寸变化不敏感。也就是说，奥氏体化温度直接影响原奥氏体晶粒尺寸大小，并进一步影响马氏体板条束和板条块等大角度晶界，从而影响实验钢的强度和韧性。

对实验钢的平均原始奥氏体晶粒尺寸与硬度和低温冲击韧性的关系进行分析，结果如图 3-23 所示。从图中可以看出，除了个别实验点外，实验钢硬度和低温冲击韧性随原始奥氏体晶粒尺寸的增大而降低。因此，可采取细化原始奥氏体晶粒尺寸的办法，来提高实验钢的硬度和低温冲击韧性，从而达到提高实验钢耐磨性的目的。

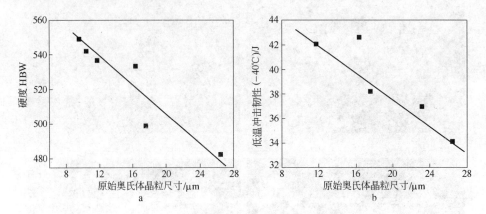

图 3-23 原始奥氏体晶粒尺寸与实验钢力学性能的关系曲线

a—硬度；b—低温冲击韧性

图 3-24 给出了实验钢的低温冲击韧性随 Block 宽度变化曲线。从图中可以看出，实验钢的低温冲击韧性随 Block 宽度的增加而逐渐降低，二者表现出较为显著的线性递减的关系。该现象也进一步说明，可通过控制实验钢中的 Block 尺寸，来控制马氏体钢的低温冲击韧性。

材料韧性与显微组织中的大角度晶界比例有密切关系[125~127]，相邻晶界的取向差角大小可以决定材料中微裂纹的扩展路径。微裂纹扩展遇到大

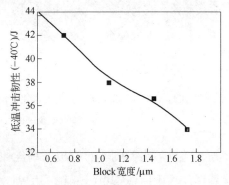

图 3-24 实验钢低温冲击韧性
随 Block 宽度的变化

角度晶界后会发生偏转而阻碍其快速传播，这样就提高了材料的裂纹扩展吸收功。一般定义晶体中取向差角大于 15°时的晶界为有效晶界，取向差角小于 15°时，可认为这类晶界对裂纹扩展的阻碍作用不大，但该类小角度晶界具有亚结构特征，通过位错缠结起到位错强化或晶界强化作用。当取向差角大于 15°时，一般认为这类晶界可以改变裂纹的扩展方向，使其发生偏转；而取向

差角大于35°时，该类晶界可以使裂纹发生钝化，抑制裂纹继续扩展，从而提高了材料的断裂强度和低温韧性。大角度晶界的存在，使得裂纹被频繁地改变扩展方向，从而使韧性得到提高。因此，大角度晶界的强韧化作用强于小角度晶界，材料组织中高比例的大角度晶界可以提高钢的低温韧性。在本实验中，大角度晶界即 Block 界的取向差角在 60°左右，能够抑制微裂纹的扩展，且随着奥氏体化温度的升高，大角度晶界的尺寸增大，大角度晶界所占比例减小，故材料的韧性降低。

3.3.2.2 回火过程组织性能控制

低合金耐磨钢淬火后的组织主要为板条马氏体，具有相当高的强度和一定的韧性，但淬火态的板条马氏体高度不稳定，需要通过回火来改善其性能。这主要是因为[128~130]：（1）淬火马氏体的碳是高度过饱和的；（2）马氏体中有很高的应变能和界面能；（3）与马氏体并存的还有一定量的残余奥氏体。正是由于马氏体和残余奥氏体的不稳定状态与平衡状态间的自由能差，提供了转变的驱动力，使得在部分情况下回火转变成为一种自发的转变。马氏体的过饱和碳原子在热力学上倾向于自发脱溶，从而自发转变为相对稳定而又具有强韧性的组织。然而在常温条件下，碳原子过饱和固溶量的自发调节速率太小，只有依靠回火加热的热激活，加速碳原子固溶量的调节，才能达到需求。因此，回火处理是淬火处理后必不可少的一道工序。

本部分主要以本章 3.3.2.1 节中淬火后的实验钢为研究对象，研究淬火马氏体在不同回火温度下的组织性能演变规律，并对其微细结构进行分析。在回火过程中，采用的钢板均为 3.3.2.1 节中 880℃淬火时的实验钢板，然后进行 150~230℃不同温度的回火，回火时保温时间根据钢板的厚度选取为 36min。实验钢在不同回火温度下得到扫描组织如图 3-25 所示。从图中可以看出，实验钢在淬火态及 150~230℃的低温下回火时，得到的组织结构主要由板条马氏体和碳化物组成。其中在淬火态时，其组织为非常清晰的板条马氏体，马氏体板条束内平行排列的板条结构窄而细长。当在 150℃温度下进行回火时，马氏体板条依然清晰可见，部分区域由于碳的偏聚或碳化物的析出而呈现出较为明亮的白色。当回火温度超过 210℃时，实验钢的板条结构部分变得不清晰，马氏体板条边界开始模糊，板条界面及其内部出现了较多的析出物。随着回火温度的升高，当达到 230℃ 时，马氏体板条上的析出物数量急剧增多，呈弥散状分布在马氏体的板条块及板条界面上。

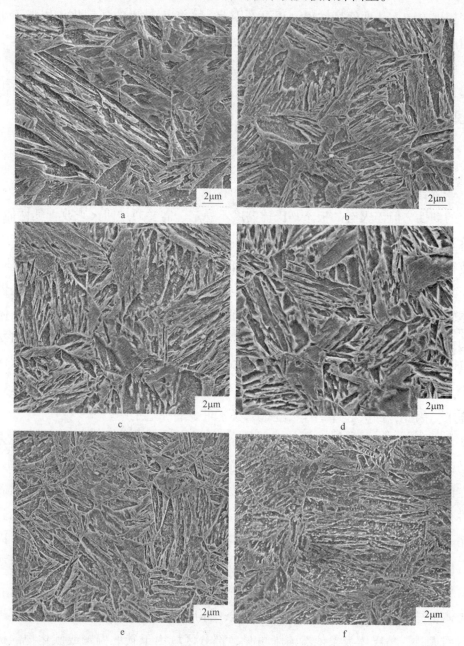

图 3-25 实验钢在不同回火温度下的 SEM 照片

a—室温；b—150℃；c—170℃；d—190℃；e—210℃；f—230℃

图3-26 给出了实验钢力学性能随回火温度的变化关系曲线。从图中可以看到，与未回火时相比，实验钢在 150～230℃ 的温度范围内的极低温度下回火时，其力学性能仍然有较为明显的变化。随着回火温度的增加，实验钢的屈服强度表现出上升的趋势，而抗拉强度则表现出下降的趋势；在伸长率和低温冲击韧性上，随着回火温度的升高，实验钢表现出先略微增加然后降低的趋势；在硬度的变化上，实验钢则随着回火温度的升高而表现出一直下降的趋势。

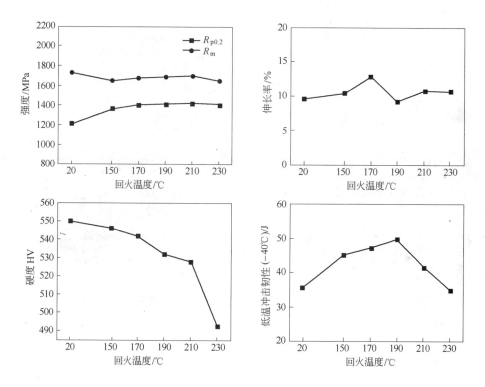

图3-26 回火温度对实验钢力学性能的影响

在回火过程中，由于其温度极低，实验钢在此过程中表现出来的宏观力学性能的变化主要是由基体内位错密度和铁碳化物的变化造成的。为此，有必要对实验钢在低温回火程中的碳元素分布及碳化物变化进行分析。图3-27给出了实验钢在不同回火温度下得到试样的电子探针 X 射线显微分析仪（EMPA）分析的碳元素分布情况，其中颜色代表碳元素的浓度变化。从图中可以看出，当实验钢在淬火态时，碳元素呈弥散状分布在基体当中，未见明显的聚集现象（图3-27a）。随着回火温度的升高，碳原子的扩散系数增大，扩散能力增强，出现了碳元素的偏聚现象。又由于回火温度极低，碳原子仅能在板条内部短距离地扩散（图3-27b）；随着回火温度的进一步升高，碳原子聚集区域逐渐扩大，且浓度升高，在板条界面和原始奥氏体晶界处出现聚集状态（图3-27c和图3-27d）。

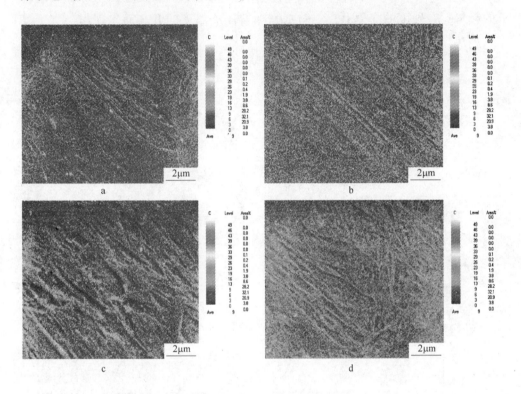

图 3-27　实验钢在不同温度下回火后的 EMPA 分析

a—室温；b—150℃；c—190℃；d—230℃

采用透射电镜对实验钢淬火态及回火态的亚结构和碳化物的变化进行分析，以此来阐明其力学性能变化的原因。图3-28给出了实验钢淬火态的 TEM 照片，从图中可以看出，实验钢的淬火态微观结构为典型的板条马氏体，马氏体板条内存在较多高密度的位错，同时板条内分布着多个惯习方向析出的棒状或针状的细小碳化物，碳化物的长度在 70～100nm 范围内，宽度约为 10nm。长条状碳化物的出现，说明实验钢在淬火后发生了自回火现象。对此碳化物进行能谱分析，结果如图 3-28c 所示。从其能谱分析图中可以看出，

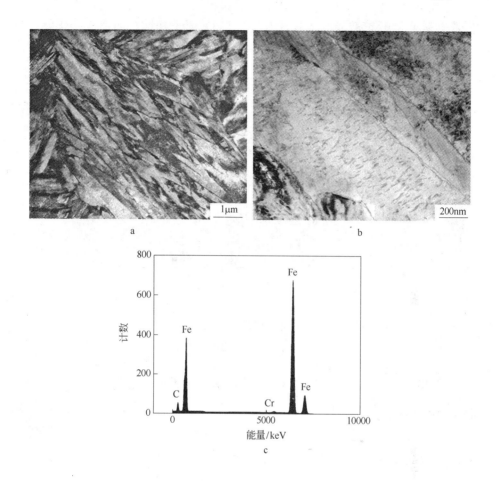

图 3-28 实验钢淬火后的 TEM 照片及能谱

a, b—板条马氏体; c—EDS 分析

其主要元素构成的原子分数分别为 29.69% C、69.87% Fe、0.42% Cr。根据文献 [128] 可知,该类碳化物为过渡型的 ε 铁碳化物 (ε-$Fe_{2.4}C$),为密排六方结构。该类碳化物弥散分布在马氏体板条内部,起到钉扎位错的作用,有利于提高实验钢的强度和硬度。

图 3-29 给出了实验钢在 170℃ 回火时的 TEM 照片,从图中可以看到马氏体板条内仍存在较多高密度的位错,由于回火温度较低,从其宏观上看不出其与淬火态的差别。从板条内的 ε 过渡碳化物(图 3-29b)的数量和尺寸上可以看出,与未回火时相比,碳化物的数量略有增加,而且尺寸有增大的趋势,出现了部分长度达到 100～150nm 的长条状粒子。这主要是由于随着回火温度

的升高，碳元素的扩散能力增强，有利于与 Fe 原子相结合而形成碳化物，因而出现以上现象。

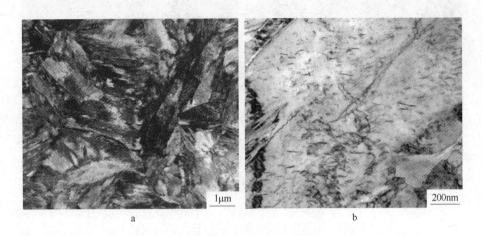

a

b

图 3-29　实验钢在 170℃回火后的 TEM 照片

a—板条；b—沉淀相

图 3-30 给出了实验钢在 230℃回火时的 TEM 照片，从图中可以看出，马氏体板条内的位错高密度依然较高，但与淬火态相比，表现出略有降低的趋势。从图 3-30b 所示的板条内碳化物分布可以看出，板条内分布的过渡碳化物有明显长大迹象，大量长条状析出粒子的长度超过了 200nm，且有逐渐被

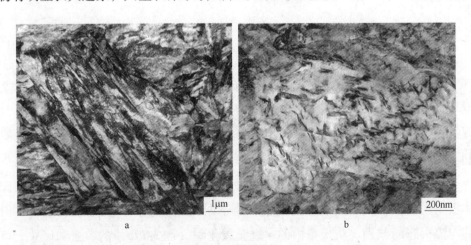

a

b

图 3-30　实验钢在 230℃回火后的 TEM 照片

a—板条；b—沉淀相

部分粗大的渗碳体所取代的趋势。

淬火态的马氏体主要由板条结构和高密度的位错构成,马氏体中的过饱和碳原子以间隙式溶入会强烈引起点阵畸变,从而形成以碳原子为中心的应力场,这个应力场与位错发生交互作用,使碳原子钉扎位错,从而显著强化马氏体组织[129],因此淬火态马氏体具有较高的硬度和强度。但作为耐磨材料,马氏体钢不但要具有较高的硬度和强度,还要求具有良好的韧塑性,以此来保证所制造设备的安全服役性能,因此就必须将高硬度和高韧性结合起来。马氏体在低温回火时在一定程度上引起硬度和韧性的改变。以上实验结果表明,随着回火温度的升高,实验钢的硬度持续降低,这主要是由于马氏体钢的硬度主要来自过饱和碳的固溶强化效应,而在回火的整个过程中都伴随着碳原子的扩散,马氏体中碳含量的降低,碳的固溶强化作用减弱。至于 ε 过渡碳化物的析出,虽然可产生一定的硬化效果,但其影响小于碳固溶强化效应减弱的影响。随着回火温度的升高,原子的扩散能力增强,基体上过饱和碳的活力增强,从而使 ε 过渡碳化物不断析出。当回火温度升高到一定值时,渗碳体开始在马氏体中形核,马氏体中的过渡碳化物逐渐被渗碳体所取代,基体上的碳含量继续降低,实验钢的强度和硬度也进一步降低。

在回火过程中,实验钢的韧塑性均伴随着一定的起伏变化,而韧塑性对于马氏体钢来说尤为重要。为此,对实验钢回火后的端口也进行了观察和分析。图 3-31 为实验钢在 880℃淬火后 170℃回淬火时的拉伸断口形貌。从宏观上来看,断口呈杯锥状(见图 3-31a),由纤维区、放射区和剪切唇三个区域组成,为典型的韧塑断口,纤维区域较大,说明发生了较大的塑性变形。从微观上来看,拉伸试样缩颈中心的断裂属于微孔聚集型断裂,断口纤维区分布着许多不同形状、大小和深浅的韧窝,韧窝内有细小的夹杂物粒子(见图 3-31b)。经能谱分析,夹杂物、粒子的主要成分为 Mn、S,应为 MnS 等,主要是由于冶金过程中的夹杂使钢中产生硫化物、氧化物等脆生相。在拉伸过程中,光滑试样在拉应力作用下,局部出现“颈缩”,在颈缩区形成三向拉应力状态,且心部轴向应力最大,致使试样心部的夹杂物或第二相粒子破裂,形成微孔,随着应力的增大,微孔在纵向与横向不断增加和长大,聚合成微裂纹[131]。因此,夹杂物在拉伸过程中成为微裂纹源,降低材料强度。

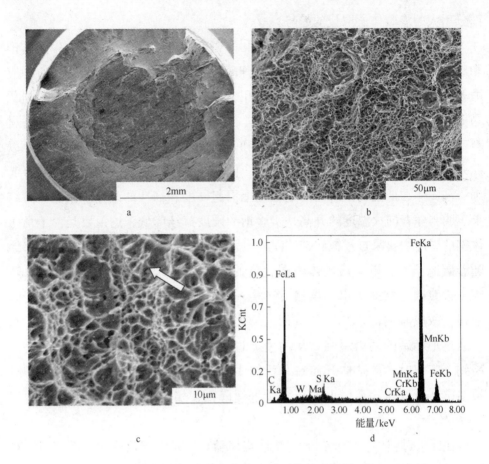

图 3-31 实验钢在 880℃淬火和 170℃回火时拉伸试样断口的 SEM 分析

3.3.3 热处理过程中的三体冲击磨料磨损性能研究

3.3.3.1 淬火过程中的磨损性能研究

将不同热处理工艺制度下得到的马氏体组织单元的实验钢进行三体冲击磨料磨损实验，实验方法详见 3.2.2.3 节。实验钢在 840～1000℃淬火时，不同磨损时间下的磨损失重及以 1000℃淬火时磨损 120min 的磨损失重为参照对象得到的相对耐磨性如表 3-3 所示。从表 3-3 可以看出，实验钢在同一淬火温度下磨损时，其前 30min 内的磨损失重较快，随着磨损时间的增加，磨损相同时间的磨损失重逐渐趋于稳定。从各时间下磨损失重与淬火温度的关系可以看出，实验钢单位时间内的磨损失重随着奥氏体化温度的升高出现先减小后增大的变化趋势，在880℃淬火时磨损失重达到最小值。根据耐磨性与磨损失重的关系可知，实验钢的耐磨性随着淬火温度的升高表现出先升高后降低的现象，在880℃淬火时，其耐磨性达到了最大值。

表3-3 不同淬火工艺下所得的实验钢的磨损失重

淬火温度/℃	30min 磨损失重/g	60min 磨损失重/g	90min 磨损失重/g	120min 磨损失重/g	120min 相对耐磨性
840	0.13400	0.32601	0.52000	0.68712	1.0893
860	0.11206	0.24212	0.39401	0.56990	1.3134
880	0.10351	0.20175	0.35632	0.54420	1.3754
900	0.12177	0.25858	0.41556	0.57818	1.2946
920	0.15741	0.27840	0.45863	0.66347	1.1282
960	0.13218	0.28398	0.50203	0.71425	1.0480
1000	0.12909	0.29080	0.51788	0.74851	1

图3-32给出了实验钢在不同温度下淬火和同一温度下回火时，以1000℃的实验钢为参照对象，在磨损120min后的相对耐磨性与淬火温度的关系曲线。从图中可以看到，随着淬火温度的升高，实验钢的相对耐磨性表现出先增大后降低的趋势，在880℃时达到最大值。

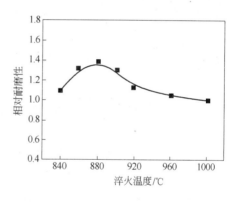

图3-32 不同淬火温度下实验钢的相对耐磨性

为了进一步分析实验钢在该磨损状态下的磨损机理，对实验钢在不同淬火温度下磨损120min时的磨损面形貌进行分析，结果如图3-33所示。从图中可以看到，实验钢在各淬火温度下的磨损面均是以塑变疲劳磨损为主，并伴有微观切削和磨料嵌入情况。而且在较低的淬火温度时，磨料嵌入的面积较大；随着淬火温度的升高，显微切削形貌所占比例越来越大。对比各温度下的犁沟形貌可以发现，在较小温度880℃淬火时所得试样的犁沟面积较小且不连贯。随着温度的升高，犁沟面积逐渐增大，犁痕加深，在1000℃淬火时所得试样的单个犁沟面积最大且犁痕也最深。由前面的分析可知，随着

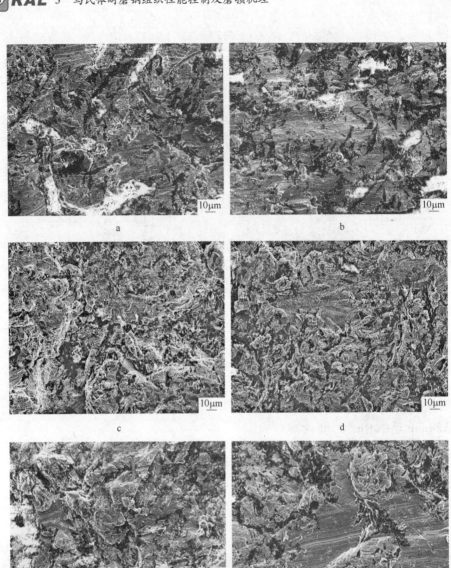

图 3-33 不同淬火温度下实验钢的磨损面形貌

a—840℃；b—860℃；c—880℃；d—900℃；e—920℃；f—1000℃

淬火温度的升高，晶粒尺寸逐渐增大。当晶粒尺寸较小时，较多的晶界数量能够抵抗位错运动，从而阻碍磨粒朝一个方向进行犁削，这样提高了材料的耐冲击性，降低了裂纹发生的倾向。另外，随着淬火温度的升高，实验钢的硬度值逐渐减小，韧性也有所下降，在一定的冲击作用下，磨粒容易被压入磨损试样表面，在下试样转动的情况下也会形成犁沟。

3.3.3.2 回火过程的三体冲击磨损性能研究

将实验钢在不同回火温度下得到的试样也进行三体冲击磨料磨损实验，不同回火温度和磨损时间下的磨损失重及以230℃回火时的实验钢为参照对象得到的相对耐磨性如表3-4所示。从表中可以看出，回火温度的变化使得实验钢在相同时间内的磨损失重也有所改变。在较低温度下回火时，随着回火温度的升高，实验钢的磨损失重表现出先减小后增大的现象。通过表中计算得到磨损120min后的相对耐磨性可以看出，实验钢在170℃回火时得到的相对耐磨性最高，过低或过高的回火温度均对耐磨性不利。

表3-4　不同回火工艺下所得的实验钢的磨损失重和相对耐磨性

回火温度/℃	30min 磨损失重/g	60min 磨损失重/g	90min 磨损失重/g	120min 磨损失重/g	120min 的相对耐磨性
150	0.12240	0.28054	0.45012	0.62753	1.29
170	0.10351	0.20175	0.35632	0.54420	1.49
190	0.12211	0.30294	0.46484	0.65469	1.24
230	0.18584	0.36969	0.57861	0.80963	1.00

图3-34给出了实验钢在120min磨损时以230℃回火的磨损试样为参照对象得到的相对耐磨性与回火温度之间的柱状图。从图中可以看出，当回火温度在170℃时，实验钢的相对耐磨性最高，随着回火温度的升高，其相对耐磨性反而降低。当回火温度为230℃时，实验钢的相对耐磨性达到最低值。

钢中马氏体最主要的特点就是高硬度和高强度，其中马氏体的高硬度主要来自过饱和碳的固溶强化作用。由于马氏体固溶的碳原子处于过饱和状态，在热力学上为不稳定状态，回

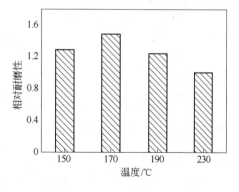

图3-34　不同回火温度下实验钢的相对耐磨性

火时碳原子活动能力加强，随着回火温度的升高，碳原子不断发生脱溶，脱溶的碳原子将以第二相碳化物形式存在。在低温回火时，ε 过渡碳化物的弥散析出在一定条件下可以提高抗磨料磨损能力。但回火温度升高，碳原子的扩散造成基体中的碳减少，其固溶强化作用降低，材料硬度降低，从而也使得耐磨性下降。

对实验钢在 150℃ 和 230℃ 两种典型回火温度下磨损 120min 后的磨损面形貌进行分析，结果如图 3-35 所示。从图中可以看到，实验钢在两种回火温度下的磨损形貌仍然是以塑变形貌为主，且伴随有少量的微观切削和磨料嵌入区域。随着回火温度的升高，微观切削区域所占面积增大。此外，在较高温度回火时实验钢出现了较大的犁沟，且犁沟较深，堆起的犁皱体积也较大，该类现象的出现，可能是在较高的温度下回火时出现硬度急剧下降的结果。

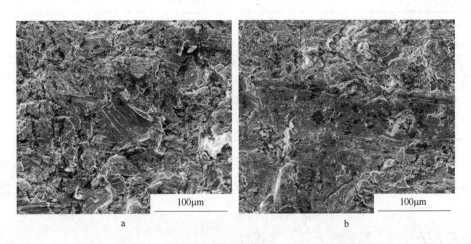

$$\begin{array}{cc} a & b \end{array}$$

图 3-35   实验钢在不同回火温度下的磨损表面形貌

a—150℃；b—230℃

在冲击磨粒磨损实验中，上试样会周期性地冲击旋转的下试样，且上下试样之间会存在部分流动的磨粒，棱角锐利的磨粒会在冲击力的作用下被压入实验材料的表面，形成凹坑（图 3-35b），并将坑内金属挤出而产生塑性变形。在相对滑动时，被挤出的金属由于滑动时的切应力作用而发生断裂脱落，而未脱落的部分在以后多次凿削中不断受到推挤变形，产生应变疲劳，从而在其根部形成裂纹。这种反复的凿坑和疲劳变形，会加剧磨损的发生。

3.3.3.3 讨论

从本章 3.2.2.3 节中的图 3-4 中可以看出，在三体冲击磨料磨损试验过程中，可将其磨损过程分为两个部分，即上试样下落到下试样上产生的正冲击磨损和上、下试样与磨料之间的三体滑动磨损。在正冲击应力作用下，磨料被高速挤入材料表面，形成凿削坑和挤压唇。在多次冲击作用下，磨损表面反复塑变和加工硬化而产生应变疲劳，形成剥落坑。此外，滑动磨料对材料表面产生切削、犁沟作用，滚动磨料产生滚碾挤压作用，反复犁沟变形和滚碾挤压亦会产生应变疲劳。

在正冲击的作用下，磨料与磨损面接触点处由于锤头的自由落体作用产生很大的应力集中，同时由于下试样在不断的转动，因此，在三体冲击磨料磨损的开始时会发生微观切削磨损。实验中，石英砂的硬度远高于材料基体的硬度，由 Robinowicz[132] 推导出的硬磨料嵌入较软材料产生的微观切削磨损关系式为：

$$W_\varepsilon = \frac{2}{\pi} \times \frac{\tan\theta}{HV} \times F_N \qquad (3-3)$$

式中　W_ε——纯微观切削磨损率；

　　　θ——硬磨粒顶角；

　　　F_N——法向应力；

　　　HV——材料硬度值。

陈南平[133] 将 $K = 2\tan\theta/\pi$ 表示为磨料磨损系数。因此，此式可简化为：

$$W_\varepsilon = K \times \frac{F_N}{HV} \qquad (3-4)$$

即材料的耐磨性 $1/W_\varepsilon$ 与材料的硬度 HV 成正比例的关系，材料的硬度越大，微观切削耐磨性越高。在此，将实验钢在不同淬火温度下的硬度值与相对耐磨性的关系进行分析，结果见图 3-36。从图中可以看出，实验钢的相对耐磨性与硬度随淬火温度的变化表现出相似的变化趋势，即均随着淬火温度的上升表现出先增加后降低的现象，但实验钢相对耐磨性的最高处并非在硬度的最大处。实验钢在 860℃淬火时，其维氏硬度值达到了最大，但其相对耐磨性则在 880℃淬火时达到最高。因此，实验钢在磨损过程中，除了受到切削磨损外，还会存在其他形式的磨损。

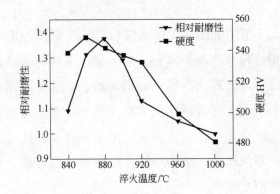

图 3-36 实验钢相对耐磨性、硬度和淬火温度的关系

由前面的分析可知，材料遭受三体冲击磨料磨损时，除了一定的冲击使磨料与磨损试样接触产生微观切削之外，还会有磨料在上下试样之间三体滑动，在滑动的过程中，磨损表面会发生反复塑变而产生塑变疲劳，以至于形成剥落。在反复的塑变疲劳过程中，会涉及材料的裂纹产生和扩展过程，该过程与材料的韧塑性有较大的关系，陈南平等[133] 提出了低周塑变疲劳磨损的关系式：

$$W_{\varepsilon} = K \times \frac{F_{N}}{\varepsilon_{f} \mathrm{HV}^{2}} \tag{3-5}$$

式中　W_{ε}——磨损率；

　　　F_{N}——载荷；

　　　ε_{f}——断裂应变；

　　　HV——材料的硬度。

从该式可以看出，材料抵抗低周塑变疲劳磨损的能力取决于材料的断裂应变 ε_{f} 与材料硬度 HV 的乘积。因此，对材料低温冲击韧性、硬度、相对耐磨性与淬火温度的关系进行分析，结果如图 3-37 所示。从图中可以看出，实验钢相对耐磨性最高的淬火温度既不是获得硬度值最高的温度，也不是获得低温冲击韧性最高的淬火温度，而是硬度和低温冲击韧性最大值之间的淬火温度。该结果表明，实验钢在完全奥氏体化后淬火得到全马氏体的状态下，相对耐磨性是硬度和低温冲击韧性相互作用的结果。该实验结果从侧面也说明了实验钢在该磨损工况条件下的三体冲击磨料磨损机理主要为低周塑变疲劳磨损机制。

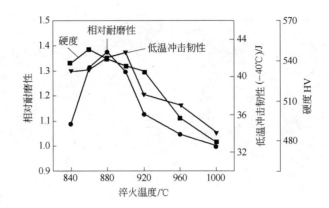

图 3-37 实验钢相对耐磨性、硬度、低温冲击韧性和淬火温度的关系

从实验钢回火过程中的组织及微细结构分析可知，实验钢在 150～230℃ 的低温回火时，主要发生的是碳元素的扩散和铁碳化物的形成过程。碳元素的扩散，会降低位错的密度，从而会使得实验钢的强度和硬度也降低。铁碳化物的形成，在初始阶段时，细小的碳化物起到钉扎晶界和析出强化作用，会使实验钢的强度和硬度增加；随着铁碳化物的长大，强化和钉扎作用减弱，会对实验钢强度和硬度带来不利的影响。图 3-38 给出了实验钢在 170℃ 和 230℃ 两种典型回火温度回火时的金相组织和碳化物分布情况。从图中可以看出，实验钢在 170℃ 回火时，板条界面仍然比较清晰，而当回火温度达到 230℃ 时，板条界面出现模糊甚至是合并的现象，同时在马氏体的板条内部和板条块上面出现了大量的铁碳化物。从图 3-38c 和图 3-38d 二者的透射电镜分析可以看出，在 170℃ 回火时，长条状碳化物比较细小，只有极少量析出物的尺寸达到了 100nm 及以上，此时的碳化物主要为过渡性的 ε 铁碳化物；而当回火温度达到 230℃ 时，碳化物出现明显的长大迹象，大部分的尺寸超过了 100nm，部分研究结果表明，此时的铁碳化物是渗碳体。结合实验钢在系列回火温度下的耐磨性能变化曲线（图 3-34）可知，在低温回火的初期，实验钢的耐磨性能随回火温度的升高而增加，但随着回火温度的进一步升高，耐磨性又出现降低的现象。因此，可以得出的结论是，回火初期细小的 ε 铁

碳化物的出现，有利于耐磨性的提高，而随着回火温度的提高，当出现渗碳体时，会对实验钢的耐磨性带来不利影响。

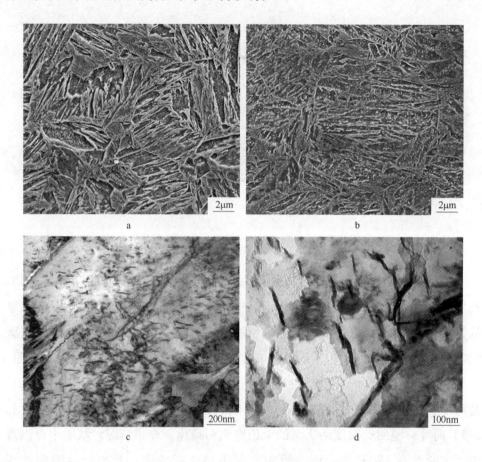

图 3-38　典型温度下回火后的组织和碳化物对比

a，c—170℃；b，d—230℃

3.4　本章小结

本章通过对一种无 Ni、Mo 型的低成本马氏体耐磨钢进行研究，分析了实验钢在离线热处理前的组织控制对热处理后的马氏体最小单元、力学性能和三体冲击磨料磨损性能的影响；研究了热处理过程中马氏体最小单元的控制情况，探讨了原始奥氏体晶粒尺寸、Block 尺寸、Lath 尺寸及铁碳化物随淬火温度、回火温度的变化规律，并研究了其与力学性能和三体冲击磨料磨损性能之间的关系。同时还对该类钢在工业化大生产时得到的组织、性能及三体冲击磨粒磨损性能进行分析，最终得出结论如下：

（1）热处理前的控制轧制和控制冷却能够使热处理后的原始奥氏体晶粒得到细化，从而提高实验钢的断裂韧性，增强其三体冲击磨料磨损性能。

（2）实验钢在完全奥氏体化时，淬火温度的升高，会增加原始奥氏体晶粒尺寸，从而降低了大角度晶界的比例，不利于实验钢的韧性；同时淬火温度的升高，还会使马氏体中 Block 尺寸增加，从而降低实验钢的强度和硬度；但原始奥氏体晶粒尺寸的变化，对实验钢马氏体板条宽度的影响不是很明显。

（3）在中碳马氏体耐磨钢中，原始奥氏体晶粒尺寸与实验钢的硬度和低温冲击韧性均呈现出反比例的关系，即原始奥氏体晶粒尺寸增加时，实验钢的硬度和低温冲击韧性均呈现出近似线性的递减。

（4）低温下回火时，实验钢主要是发生内部碳原子短程扩散和内应力释放，随着回火温度的升高，碳元素不断向原始奥氏体及板条马氏体板条界面产生偏聚，从而形成铁碳化物。在铁碳化物形成初期，内应力的释放及细小的铁碳化物形成有利于提高实验钢的断裂韧性，且使硬度降低不多，因此，可以增强其耐磨性能；随着回火温度的升高，铁碳化物粗化长大和位错密度的降低，使得实验钢的硬度和韧性均出现降低，从而对实验钢的耐磨性能不利。

（5）中碳马氏体耐磨钢的三体冲击磨料磨损性能是硬度和低温冲击韧性共同作用的结果，只有在硬度和低温冲击韧性同时增加时才能提高其耐磨性能。在本实验成分体系中，在880℃淬火和170℃回火时，其强韧性达到最佳配合，此时的三体冲击磨料磨损性能最高。

4 马氏体-铁素体双相耐磨钢组织性能控制及磨损机理

4.1 引言

由第 3 章的研究可知，马氏体组织具有硬度和强度高的特点，同时，板条马氏体在一定条件下能够得到较好的韧塑性。然而，无论是片状马氏体还是板条马氏体，它们均是脆性相，在其韧塑性提高方面还是有限的，即使通过特殊工艺条件可使其微观结构达到细化或超细化的目的来提高韧塑性能，其付出的成本和代价也是相当高的，在现有的工艺装备条件下甚至难以实现。探索一种简单而可行的方法，使其具有板条马氏体高强硬度特点的同时，还具有良好的韧塑性能，是本章研究探索的重点。

马氏体-铁素体双相钢因同时具有马氏体组织的高强硬度和铁素体组织的良好韧塑性两种特性而得到广泛应用，其最终表现出的性能可通过调整其中的马氏体和铁素体的比例分数、组织形态和分布状况来控制[134~139]。因此，具有马氏体-铁素体双相组织的钢种有可能是实现同时具有高强硬度和良好韧塑性的优良钢种。

两相区热处理是获得马氏体-铁素体双相组织的简单而有效方法之一。该方法能够使在以马氏体为基体的组织上保留少量弥散分布的铁素体组织，其工艺特点是：将钢板加热到 A_{c1} 和 A_{c3} 之间的某一温度，保温一段时间，然后淬火冷却至室温[140]。在加热保温的过程中，部分原始组织转变成奥氏体，而铁素体组织则得到保留；在随后的冷却过程中，奥氏体转变成马氏体，铁素体也随之保留下来，从而形成马氏体-铁素体双相钢。当马氏体量达到一定数量时能够使得力学性能如强度、冲击韧性等有显著提高。部分研究表明，该类双相组织具有以下优点[140~142]：（1）提高钢的低温冲击韧性，从而扩大材料的适用范围；（2）降低钢的韧脆转变温度，与常规完全奥氏体淬火相比，可在更低的温度下处于优良的韧性状态；（3）抑制钢的回火脆性，降低钢的回火温度，从而在不牺牲钢的强度的条件下获得更高的韧性。然而影响两相区淬火后强韧化效果的因素很多，如碳含量[143,144]、加热前的原始组织[145,146]、加热条件[147]等。在马氏体-铁素体双相钢的耐磨性方面，近年来也有部分学者对其进行了研究。Jha 等[70]对同一钢种不同组织类型如马氏体、铁素体＋珠光体、马氏体＋铁素体进行研究，发现马氏体＋铁素体双相钢具有最好的耐磨性能。这也进一步说明，马氏体-铁素体双相钢有可能是耐磨钢中能够同时满足具有高的强硬度和良好韧性的一种比较有前途的钢种。然而 Jha 等的研究并没有涉及马氏体、铁素体的比例分数、形态和分布状况等。

　　本章采用轧制和两相区离线热处理相结合的方法，通过对实验钢的成分和工艺参数的控制，探索了合金成分和工艺参数对两相区热处理前铁素体的形态、比例分数的影响规律，分析了两相区热处理前的组织变化对两相区热处理后的组织和性能的影响，研究了两相区热处理过程对实验钢中铁素体的形态、比例分数的影响规律，并对其三体冲击磨料磨损行为进行了分析。通过本部分的研究，最终得到韧性较高、耐磨性优良的高级别低合金马氏体-铁素体双相耐磨钢 NM500。

4.2　实验材料及方法

4.2.1　实验材料

　　本章中采用的化学成分为第 2 章中设计的 1 号和 2 号实验钢化学成分。在实验室采用 150kg 真空小炉冶炼，冶炼后锻造成 100mm × 100mm × 120mm 大小的坯料，然后进行轧制、轧后冷却和两相区离线热处理实验。具体冶炼的成分见表4-1。

表4-1　实验室小炉冶炼实验钢化学成分　　　　（质量分数,%）

编号	C	Si	Mn	P	S	Ti	Cr	Mo	B
1	0.26	0.28	1.21	0.008	0.001	0.015	0.30	0.004	0.0015
2	0.27	0.25	1.24	0.007	0.001	0.016	0.26	0.26	0.0018

从表4-1中可以看出，两种成分的实验钢在合金元素的添加上除了Mo元素有一定差异外，其他合金元素基本上相近，即2号实验钢比1号实验钢仅多添加0.26%左右的合金元素Mo。

4.2.2 实验方法

4.2.2.1 两相区热处理前铁素体控制方法

为了得到两相区热处理前不同的铁素体形态和数量，分别对1号和2号两种成分的实验钢进行不同的轧制和轧后冷却实验，以此来控制其铁素体的形态和体积分数。然后将铁素体形态和体积分数不同的实验钢在 $A_{c1} \sim A_{c3}$ 之间的某一温度进行热处理，得到不同比例分数和形态的马氏体-铁素体双相钢。具体的工艺控制方法如图4-1所示。

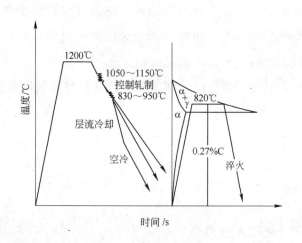

图4-1　实验钢两相区热处理前的铁素体控制方法示意图

从图4-1可以看出，实验钢采取的轧制和轧后冷却工艺分别为四种，即高温直接轧制后空冷至室温、高温控制轧制后空冷至室温、两阶段控制轧制后层流冷却至贝氏体区间的某一温度、较低温度的两阶段控制轧制后层流冷却至贝氏体区间的某一温度然后空冷至室温。其中1号实验钢的轧制及轧后冷却工艺控制参数与本书第3章中表3-2中的控制参数相同，2号实验钢在实验过程中的轧制及轧后冷却过程中的工艺参数见表4-2。

表 4-2　2 号实验钢轧制及轧后冷却实验过程中具体的工艺参数

序号	工 艺 参 数
A1	高温直接轧制，终轧温度为 1021℃，轧后空冷至室温
A2	两阶段控制轧制，粗轧终轧温度为 1027℃，精轧终轧温度为 920℃，轧后空冷至室温
A3	两阶段控制轧制，粗轧终轧温度为 1012℃，精轧终轧温度为 896℃，轧后层流冷却至约 395℃，然后空冷至室温，层流冷却速度为 15℃/s
A4	两阶段控制轧制，粗轧终轧温度为 1019℃，精轧终轧温度为 830℃，轧层流冷却至 450℃，然后空冷至室温，层流冷却速度为 15℃/s

将四种工艺条件下得到的实验钢进行同一两相区热处理温度下的热处理实验，其中退火温度为 820℃，保温时间为 10min。最后统一进行组织、力学性能和三体冲击磨料磨损性能分析。

4.2.2.2　两相区热处理过程中的组织性能控制方法

为了研究不同的两相区热处理过程对实验钢组织和性能的影响，将实验钢在同一轧制和轧后冷却工艺条件下得到组织进行不同热处理温度的两相区热处理实验，实验过程中的工艺控制示意图见图 4-2。

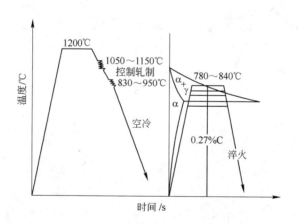

图 4-2　两相区热处理过程工艺控制示意图

将轧制和轧后冷却工艺条件固定为两阶段的控制轧制，轧后空冷至室温，然后进行 780～840℃ 不同温度下的热处理实验。由第 2 章中测得实验钢的相变温度 A_{c3} 温度可知，该热处理温度涵盖了从两相区到完全奥氏体化的温度范围。

4.2.2.3 三体冲击磨料磨损实验

实验钢的三体冲击磨料磨损实验与第 3 章中的实验方法相同，具体过程详见第 3 章中的 3.2.2.3 节。

4.3 实验结果及分析

4.3.1 两相区热处理前的组织性能控制及其对热处理后组织性能的影响

4.3.1.1 两相区热处理前的组织性能控制

图 4-3 给出了 1 号实验钢在四种轧制工艺制度条件下的显微组织。从图上可以看出，实验钢在经四种不同的轧制工艺处理后，表现出较大的组织形态差异。经工艺 A1 和 A2 后实验钢均由铁素体和珠光体组成，其中铁素体以

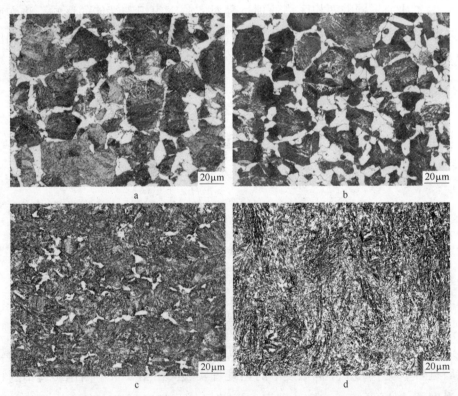

图 4-3　1 号实验钢在不同的 TMCP 工艺制度下得到的组织

a—A1；b—A2；c—A3；d—A4

准多边形的形式存在，并呈现出"仿晶界"状围绕在珠光体周围。经工艺 A3 后，实验钢中部分多边形铁素体组织依然清晰可见，但在数量上明显减少；珠光体组织则几乎消失，进而出现大量的粒状贝氏体和针状铁素体组织。而经工艺 A4 后，多边形铁素体组织则几乎完全消失，粒状贝氏体和针状铁素体组织明显增加。

1 号钢在四种不同的轧制及轧后冷却工艺下的力学性能见表 4-3。从表中可以看出，四种工艺参数对实验钢力学性能产生了较大的影响。高温控制轧制（工艺 A2）与高温直接轧制（工艺 A1）相比，二者得到的强度和硬度差别不大，但在低温冲击韧性和塑性上则表现出一定的差异，控制轧制改善了实验钢的低温冲击韧性和伸长率。这主要是因为 1 号实验钢在成分设计时添加的合金元素极少，仅加入了少量的 Ti 和 Cr 元素，而精轧阶段的终轧温度又较高，所以才出现控制轧制对强度和硬度影响不大的现象。轧后冷却（工艺 A3 和 A4）对实验钢的性能影响尤为明显。轧后经过层流冷却时，实验钢的强度和硬度均得到了较大幅度的提高，而塑性则明显降低，在低温冲击韧性方面，经过层流冷却的实验钢相对于空冷的实验钢略有增加。轧后采取不同的冷却工艺制度，使实验钢发生了不同的相变，从而造成了实验钢强度和韧性的较大差异。

表 4-3　1 号实验钢在不同 TMCP 态下的力学性能

钢种	工艺编号	屈服强度 R_m/MPa	抗拉强度 $R_{p0.2}$/MPa	伸长率 A_{50}/%	−40℃冲击韧性 A_{KV2}/J	布氏硬度 HV
1 号钢	A1	665	430	23.3	10	139
	A2	645	435	26.7	19	136
	A3	955	755	8.0	24	266
	A4	845	685	14.3	22	192

图 4-4 给出了 2 号实验钢在四种轧制工艺制度条件下得到的显微组织。从图上可以看出，四种轧制和轧后冷却工艺对 2 号实验钢的组织影响也较大。在较高的温度下采用控制轧制，使得实验钢中珠光体的体积分数明显增多（图 4-4a 和图 4-4b）；而轧后冷却至 M_s 点稍低的温度则使实验钢中出现了大

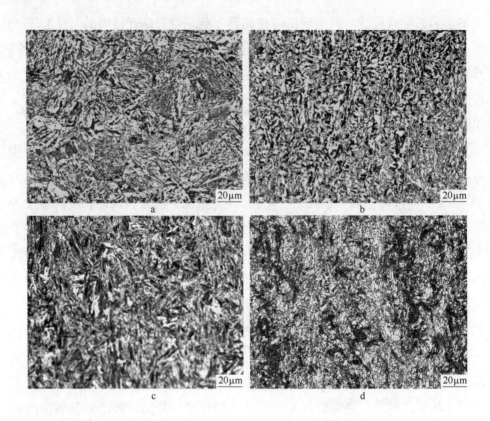

图 4-4 2 号实验钢在不同的轧制及轧后冷却工艺下的组织

a—A1；b—A2；c—A3；d—A4

量的粒状贝氏体组织（图 4-4c）和极少量的马氏体组织；在控轧后层流冷却至 450℃时，得到的组织中除了有大量的粒状贝氏体外，还存在有少量的珠光体组织（图 4-4d）。

表 4-4 给出了 2 号实验钢在四种轧制和轧后冷却工艺下得到的力学性能。从表中可以看出，较高温度下的控制轧制（工艺 A2）相对于常规轧制（工艺 A1）工艺对实验钢的强度、硬度和韧性均有一定幅度的提高，但在塑性上表现为与直接轧制变化不大。较高温度控制轧制后经层流冷却至 395℃（工艺 A3）时，实验钢强度、硬度及低温冲击韧性均得到大幅度的提高，但是塑性却明显降低。当实验钢在较低温度下控制轧制然后层流冷却至 450℃（工艺 A4）时，得到的力学性能与工艺 A3 相比，其强度、硬度和韧性均有一定程度的降低，但是在塑性上改善比较明显。这主要是由于实验钢精轧终轧温

度较低，且在层流冷却时的终冷温度较高的缘故。

表 4-4　2 号实验钢在不同的 TMCP 条件下的力学性能

钢种	工艺编号	屈服强度 R_m/MPa	抗拉强度 $R_{p0.2}$/MPa	伸长率 A_{50}/%	-40℃冲击韧性 A_{KV2}/J	维氏硬度 HV
2 号钢	A1	895	615	15.7	9	184
	A2	1080	680	15	11	201
	A3	1290	1110	9.3	42	292
	A4	1070	845	14.7	24	199

对比 1 号与 2 号实验钢的成分体系可发现，2 号实验钢仅比 1 号钢多添加 0.26% 左右的 Mo 合金元素。在四种轧制工艺下，二者的组织则存在较大的差异，添加 Mo 和未添加 Mo 元素的实验钢二者组织的对比见图 4-5。在高温直接轧制时，Mo 元素的添加促使实验钢中的铁素体由多边形向针状转变（图 4-5a 和图 4-5a′）。对比高温控制轧制后得到的组织我们还可以发现，Mo 元素的添加对实验钢的淬透性也有较大的改善。在较高温度控轧后空冷至室温的条件下，含 Mo 元素的实验钢可得到少量的粒状贝氏体组织（图 4-5b′），而在未添加 Mo 元素的实验钢中，高温直接轧制与高温控制轧制后空冷至室温的组织差别不大，得到的均是多边形铁素体和片状珠光体组织（图 4-5b）。Mo 元素的添加对淬透性的提高还可体现在高温控制轧制后经层流冷却得到的组织上，添加 Mo 元素的实验钢在经过层流冷却至 400℃ 左右时除了得到大量的粒状贝氏体外，还可得到少量的马氏体组织；而未添加 Mo 元素的实验钢在该工艺条件下则几乎无马氏体出现（图 4-5c 和图 4-5c′），仍然是粒状贝氏体组织。

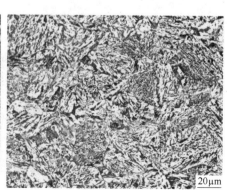

a　　　　　　　　　　　　　　　a′

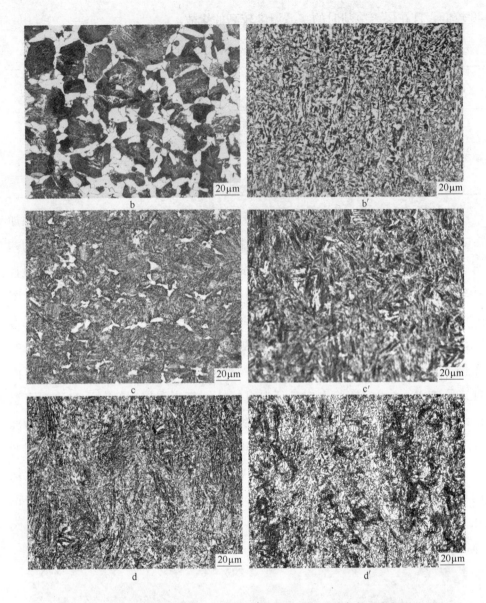

图 4-5 两种成分实验钢在不同的轧制及轧后冷却工艺条件下组织对比

a ~ d—1 号钢, 不含 Mo; a′ ~ d′—2 号钢, 含 0.26% Mo

Mo 元素的添加对实验钢力学性能的影响也是比较明显的。图 4-6 给出了含 0.26% Mo 元素实验钢和不含 Mo 元素实验钢二者在四种不同的轧制及轧后冷却工艺条件下得到的力学性能对比情况。从图中可以看出, 在所采取的四种轧制及轧后冷却工艺条件下, 添加 0.26% Mo 合金元素的实验钢得到的屈

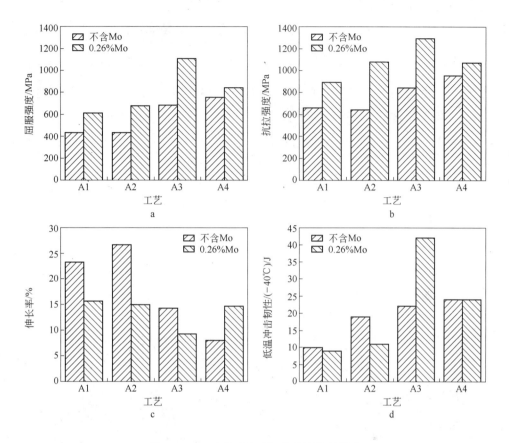

图 4-6   Mo 元素对实验钢力学性能的影响

a—屈服强度；b—抗拉强度；c—伸长率；d—低温冲击韧性

服强度和抗拉强度均比未添加的要高，但在塑性和低温冲击韧性上则表现出部分工艺条件下高和部分条件下低的情况。在轧后空冷至室温的条件下，添加 Mo 元素实验钢的韧塑性均比未添加 Mo 元素的实验钢要高；而在轧后经过一定的层流冷却时得到实验钢的韧塑性则表现出相反的趋势。这可能是由于 Mo 元素的添加，不但细化了组织中的晶粒尺寸，而且还增加了实验钢的淬透性。在进行高温轧制后空冷时，细晶强化作用使得实验钢的强度和韧性同步提高；而在轧后经过层流冷却时，Mo 元素的添加使得淬透性增加，从而使实验钢中发生了贝氏体甚至是马氏体相变，而贝氏体和马氏体相对于铁素体和珠光体相是强硬相，均有高的强度和硬度，但其韧塑性较低，因此才会表现出上述轧制和轧后冷却工艺条件下的力学性能变化规律。

4.3.1.2 热处理前的组织控制对两相区热处理后组织和性能的影响

为了研究实验钢热处理前的组织性能控制对两相区热处理后性能的影响规律，在此将两相区的淬火温度均统一控制在 $A_{c1} \sim A_{c3}$ 之间的相同温度 820℃，保温 10min，从而研究上述四种轧制和轧后冷却工艺条件下得到的组织对两相区热处理后（依次将工艺编号编写为 B1、B2、B3、B4）力学性能的影响。图 4-7 给出了 1 号实验钢在上述四种轧制和轧后冷却工艺条件和同一两相区热处理温度下淬火后得到的组织。从图中可以看出，实验钢在四种工艺条件下得到的组织均由马氏体和铁素体组成，估计其马氏体的体积分数大于 90%。由于马氏体的体积分数比较大，铁素体在金相组织中观察不是很明显。但还是可以看出实验钢在 B1 和 B2 工艺条件下存在少量与热处理前类似的准多边形铁素体组织；而在 B3 工艺条件下得到的组织中，除了观察到极

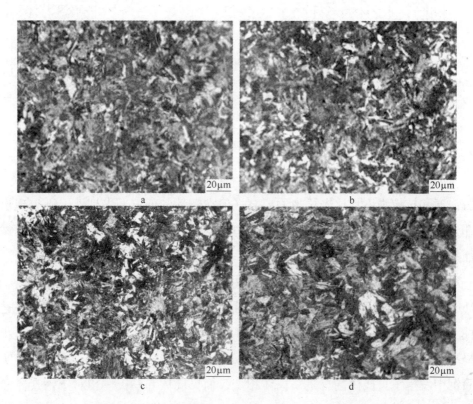

图 4-7 1 号实验钢在不同的轧制及轧后冷却工艺条件下同一热处理温度下的组织

a—B1；b—B2；c—B3；d—B4

少量多边形铁素体外，还发现了部分细小的针状铁素体组织；在 B4 工艺下得到的组织中，其铁素体的组织极少，且均以针状或颗粒状的形式存在。

实验钢在 $A_{c1} \sim A_{c3}$ 之间的某一温度加热时，部分原始组织会逐渐转变成奥氏体组织，转变的顺序会因各种原始组织在高温加热时的扩散速率不同而不同[148]。在原始组织为马氏体、贝氏体、珠光体及铁素体的各类组织中，铁素体由于本身具有较小的位错密度而最后发生部分转变或不转变。在随后的淬火过程中，得到的奥氏体组织转变成马氏体组织，而未转变的铁素体组织则得到保留，从而形成马氏体-铁素体双相钢。因此，该类钢得到的最终组织与原始组织中铁素体的类型、大小均有着较为密切的关系。当两相区淬火温度不是很高和保温时间不是很长时，两相区淬火后的铁素体会全部或部分以淬火前的原始组织形态存在。

图 4-8 给出了 1 号实验钢在两相区淬火后得到的马氏体-铁素体双相钢中两种典型马氏体与铁素体相结合的方式。从图 4-8a 中我们可以看到较大的多边形铁素体与马氏体组织"有序"地结合在一起，而在图 4-8b 中，极少量的铁素体则以镶嵌的形式存在于马氏体板条当中。两种结合方式，与原始组织中铁素体的形状和两相区淬火的加热过程有着密切的关系。此外，这两种结合方式对实验钢的力学性能也会带来较大的影响。

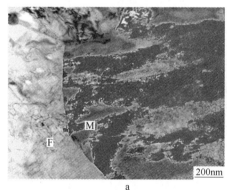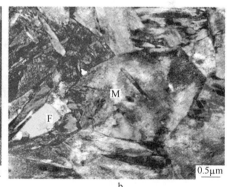

a   b

图 4-8 1 号实验钢在两相区淬火后得到的 TEM 组织

a—较大的多边形铁素体和马氏体；b—马氏体中镶满细小的铁素体

表 4-5 给出了 1 号实验钢在四种轧制及轧后冷却工艺和同一两相区热处理时得到的力学性能情况。从表中可以看出，1 号实验钢在两相区热处理后

表现出良好的力学性能，其中抗拉强度达到了 1600MPa 以上，屈服强度达到了 1200MPa 以上，伸长率达到了 10% 以上，−40℃冲击韧性达到了 27J 以上，维氏硬度达到了 510HV 以上。此外，热处理前的工艺参数对两相区热处理后的力学性能有较大的影响。B3 和 B4 工艺条件下得到实验钢的抗拉强度、硬度及韧塑性均高于工艺 B1 和 B2。结合其工艺参数可以发现，两相区热处理前的控制轧制和轧后冷却工艺可在提高实验钢两相区热处理后强度和硬度的同时，对其韧塑性也有一定的改善。

表 4-5　1 号实验钢两相区热处理后得到的力学性能

钢种	工艺编号	屈服强度 R_m/MPa	抗拉强度 $R_{p0.2}$/MPa	伸长率 A_{50}/%	−40℃冲击韧性 A_{KV2}/J	维氏硬度 HV
1 号钢	B1	1610	1210	10.4	28	518
	B2	1640	1220	10.8	41	524
	B3	1680	1250	11.7	38	532
	B4	1690	1270	11.6	42	529

对 2 号实验钢在四种不同的轧制及轧后冷却工艺和同一两相区热处理条件下淬火得到的组织和力学性能也进行了分析，其中不同工艺条件下得到的组织如图 4-9 所示。从图中可以看出，2 号实验钢在两相区热处理后得到的组织以板条马氏体为主，同时存在极少量的针状铁素体组织，是典型的高马氏体含量马氏体-铁素体双相组织。由于实验钢在热处理前的组织比较细小，且两相区淬火时的加热温度不是很高，在两相区热处理后得到的组织也非常细小。对比四种工艺条件下得到的组织可以发现，它们在铁素体的体积分数上面略有差别，工艺 B3 和 B4 条件下得到的组织中的铁素体体积分数相对于工艺 B1 和 B2 略有减少的趋势。

对比 1 号和 2 号实验钢同种轧制和两相区热处理工艺制度下得到的组织可以发现，2 号钢得到组织中的铁素体在数量上存在明显减少的趋势，在形态上也有所细化。这主要是由于 2 号实验钢在成分设计时添加了少量的合金元素 Mo，该元素的添加有利于促进轧制及轧后冷却状态下针状铁素体的形成，并使组织发生细化。在两相区淬火加热的过程中，原始组织较为细小时，由于扩散速度的不同会更加容易转变成奥氏体组织；此外，未转变的细小铁

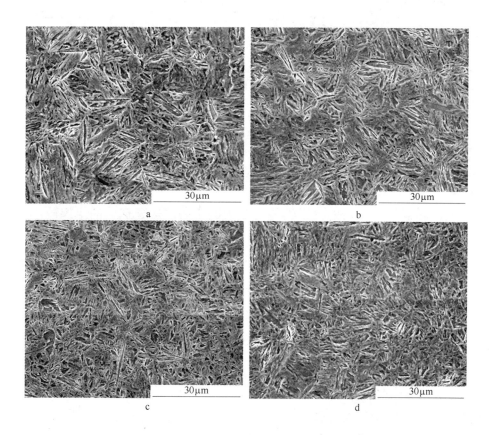

图4-9　2号实验钢在不同的 TMCP 工艺及同一两相区热处理下得到的组织

a—B1；b—B2；c—B3；d—B4

素体组织在两相区淬火后会得到保留，从而形成较为细小的马氏体-铁素体双相组织。这也是同等工艺条件下在 2 号实验钢中观察到的铁素体组织数量较少和尺寸较为细小的原因。

表 4-6 给出了 2 号实验钢在四种轧制及轧后冷却工艺条件和同一两相区热处理时得到的力学性能情况。从表中可以看出，热处理前的工艺参数对两相区热处理后的力学性能有较大的影响。B3 和 B4 工艺条件下得到的抗拉强度、硬度及韧塑性均高于工艺 B1 和 B2。控制轧制和轧后冷却对两相区热处理前组织进行了细化，有利于提高实验钢在两相区热处理后的强度和硬度，同时也对韧塑性有一定的改善。在四种工艺制度条件下，B3 得到的硬度最高，但其韧性却略低于 B4；而 B4 工艺得到的低温冲击韧性虽然最高，但其硬度却略低于 B3 工艺。

表4-6 2号实验钢两相区热处理工艺下得到的力学性能

钢种	工艺编号	屈服强度 R_m/MPa	抗拉强度 $R_{p0.2}$/MPa	伸长率 A_{50}/%	$-40℃$冲击韧性 A_{KV2}/J	维氏硬度 HV
2号钢	B1	1650	1200	11.4	40	527
	B2	1690	1160	11.8	39	519
	B3	1780	1150	12.8	48	542
	B4	1790	1310	12.6	50	539

2号钢两相区热处理后的力学性能结果也进一步说明，热处理前的组织形态对两相区热处理后的力学性能有较大的影响。热处理前的组织越细小，越有利于提高两相区热处理后的低温冲击韧性和强度。

4.3.1.3 热处理前的组织对实验钢三体冲击磨损性能的影响

为了便于比较多边形铁素体和针状铁素体二者的形态差异对实验钢两相区热处理后的三体冲击磨料磨损性能影响，对1号实验钢在两相区热处理后得到多边形铁素体和针状铁素体的马氏体-铁素体双相钢进行三体冲击磨损实验，实验方法见本章4.1.3节。不同工艺条件下磨损失重随时间的变化关系见图4-10。从图中可以看出，随着磨损时间的增加，实验钢在四种工艺条件下的磨损失重均呈增加趋势，但增加速度略有不同。在前30min的磨损时间内，四种条件下实验钢的磨损失重均增长较快；随着时间的进一步增加，磨损失重与时间的关系逐渐趋于稳定，呈线性关系增长。这主要是由于实验钢在磨损初期，磨料与实验钢之间的磨损处于跑和阶段，因而失重较快。随着

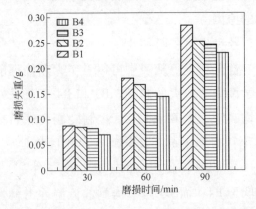

图4-10 1号实验钢两相区淬火后磨损失重随时间的变化

时间的增加，磨损过程逐渐稳定，因此，实验钢的磨损失重也趋于稳定。

对比热处理前四种不同的工艺条件下得到四种不同组织的实验钢磨损失重可以看出，热处理前的组织对两相区热处理后的三体磨损失重有着较大的影响。其中 A1 和 A2 工艺条件下得到的多边形铁素体原始组织在两相区热处理后的磨损失重明显较 A3 和 A4 工艺得到的针状铁素体或粒状贝氏体组织的磨损失重要大。两相区热处理前的针状铁素体或粒状贝氏体组织，有利于提高实验钢的三体冲击磨料磨损性能。此外，在铁素体组织的尺寸方面，A1 和 A2 工艺条件下得到的组织相对于工艺 A3 和 A4 得到的组织较为粗大，粗大原始组织在加热的过程中不利于扩散得到奥氏体组织，从而使两相区热处理后保留的铁素体数量也较多，这也是实验钢在两相区淬火后的强度和硬度稍低的原因。而较低的硬度不利于磨损性能的提高，这与实验钢在 B3 和 B4 工艺条件下测试到的磨损失重较低的结果是一致的。通过上述分析可以发现，细化两相区热处理前的铁素体组织有利于提高实验钢两相区热处理后的三体冲击磨料磨损性能。

实验钢在四种工艺条件下得到的典型磨损面形貌如图 4-11 所示。从图中可以看出，实验钢在两相区热处理后的三体冲击磨损面形貌主要由三部分组成：切削部分、塑变疲劳部分和磨料嵌入部分，分别见图中各自的标记所示。总体来看，四种工艺条件下得到实验钢的磨损机理均是以塑变疲劳为主，并都伴随着少量的切削和磨料嵌入。但在切削和磨料嵌入面积上随原始组织的不同有一定的差异。其中 B1 和 B2 工艺条件下得到的实验钢在磨损后的切削和磨料嵌入面积明显较工艺 B3 和 B4 得到的区域要多。这可能是由于实验钢在 B1 和 B2 工艺条件下得到的组织中存在少量的块状多边形铁素体组织，使基体较软，在遭受三体冲击磨料磨损时，较软的基体会使磨损过程中的磨料在冲击情况下易于嵌入。在下试样转动的过程中，被嵌入的磨料会随着下试样的转动产生滑移，从而形成微观切削区域。当所测试试样的硬度较高和组织中的软相尺寸较小时，磨料接触的部分主要为硬相马氏体组织，较硬的马氏体组织有利于抵抗磨料的进入。同时，少量软相的存在，也有利于降低和缓解磨损过程中的应力集中，并吸收部分冲击过程中的能量，从而减少马氏体部分因高应力而产生的裂纹，这也是实验钢中存在少量细化的铁素体组织时具有较高的三体冲击磨料磨损性能的原因。此外，在 B3 和 B4 工艺条件下

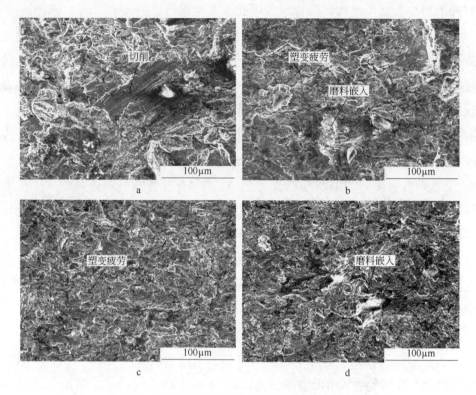

图 4-11　1 号实验钢在不同工艺条件下的磨损面形貌

a—B1；b—B2；c—B3；d—B4

实验钢不但具有较高的硬度，而且还具有良好的低温冲击韧性，这也有利于减少磨损时切削和磨料嵌入的发生。

对实验钢四种工艺条件下亚表层的硬度距磨损面的分布情况进行了分析，结果如图 4-12 所示。从图中可以看出，四种不同原始组织的实验钢在两相区热处理后，均存在一定的硬化层，硬化层的最高硬度相对于基体高硬度高出了 50HV 左右。在硬化层的深度方面，四种不同原始组织得到的结果存在一定的差异。其中，在两相区热处理前的多边形铁素体组织（工艺 B1 和 B2）得到的磨损面亚表层深度要高于原始组织为针状铁素体组织（工艺 B3 和 B4）的深度。磨损表面硬度的增加，一方面是由于实验钢在受到冲击时磨料磨损表面发生了加工硬化使得实验钢的硬度有所增加[149]；另一方面，实验钢在两相区加热时得到的奥氏体中存在少量的未转变成马氏体的残余奥氏体组织，该类组织在变形过程中会转变成马氏体，也会使硬度增加[150]。

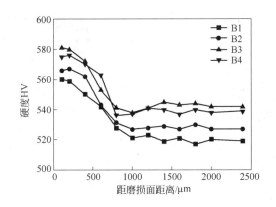

图 4-12　1 号实验钢在四种不同的原始组织下两相区
热处理后亚表层硬度随厚度的变化

4.3.2　两相区热处理过程中的组织性能控制及其磨损性能

4.3.2.1　两相区热处理过程中的组织性能控制

热处理温度的高低直接决定着实验钢的奥氏体化程度和进程，从而对实验钢最终获得组织和性能产生影响。热处理温度过高，奥氏体组织会长大粗化，对钢的韧性和强度不利；热处理温度过低，奥氏体化会不充分，部分热处理前的铁素体会保留，过多的铁素体组织会使得实验钢的强度和硬度降低，也会影响其力学性能。因此，热处理温度的选择对于热处理钢来说尤为重要。本节通过对实验钢热处理过程的控制，来控制马氏体和铁素体的相比例，从而达到控制实验钢力学性能和三体冲击磨料磨损性能的目的。

从上述 4.3.1 节分析可知，轧制工艺对实验钢的组织尤其是铁素体的组织形态和体积分数有较大的影响。为了减少原始组织给后续热处理带来的差异，此部分中，统一选取 A2 轧制和轧后冷却工艺，然后进行不同热处理温度下的两相区离线热处理实验。图 4-13 给出了 1 号实验钢在不同的淬火温度 780℃、800℃、820℃、840℃下淬火得到的组织。从图中可以看出，实验钢在 820℃及以下温度淬火时，能够得到马氏体和铁素体双相组织共存的马氏体-铁素体双相钢，其中铁素体的形态与热处理前的形态基本一致。随着淬火温度的增加，铁素体的体积分数逐渐减小。当淬火温度从 800℃升高至 820℃

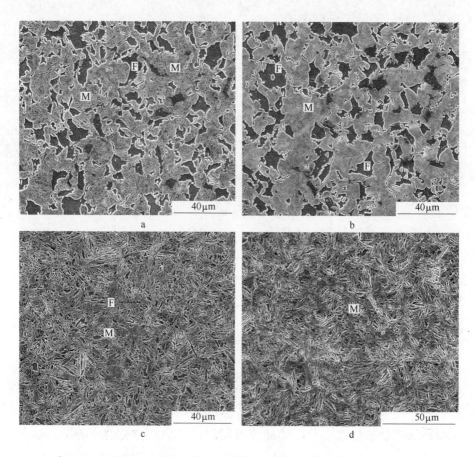

图 4-13　1 号实验钢在不同热处理温度下的扫描组织

a—780℃；b—800℃；c—820℃；d—840℃

时，铁素体的体积分数减少迹象尤为明显。在 800℃淬火时，铁素体的体积分数在 30%左右，当淬火温度上升到 820℃时，铁素体的体积分数下降到 4%左右。而随着淬火温度的继续上升，达到 840℃时，得到的实验钢组织中铁素体基本消失，进而得到全马氏体组织。

图 4-14 给出了实验钢在 800℃淬火时的 TEM 组织。从图中可以看出，实验钢在 800℃淬火时，组织中能够观察到典型的铁素体（图 4-14a）、马氏体（图 4-14b）以及马氏体和铁素体的混合组织（图 4-14c、d）三种组织形态。其中铁素体组织的出现主要是由于实验钢在奥氏体化的过程中加热温度较低，为 800℃，低于其临界点温度 A_{c3} 值。在加热及保温过程中，铁素体没有完全转变成奥氏体组织，在随后的淬火过程中得到保留。从图 4-14a 所示的 TEM

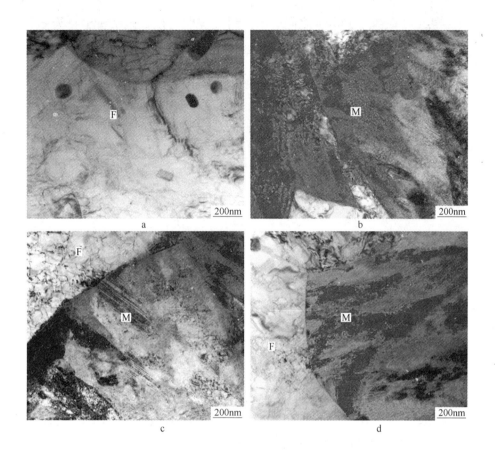

图 4-14　1 号实验钢在 800℃热处理后的 TEM 组织

a—铁素体；b—马氏体；c，d—马氏体和铁素体混合组织

照片可以看出，铁素体中位错密度较低，基体上分布着部分位错线。从图
4-14b所示实验钢中马氏体组织的 TEM 照片可以看出，与图 4-14a 相比，马氏
体中的位错密度大幅度提高，出现大量位错堆积现象。从马氏体和铁素体界
面的结合方式来看，该温度下淬火时主要以马氏体和铁素体"有序"的方式
相结合（图 4-14c 和图 4-14d）。在部分马氏体组织上还观察到了少量的孪晶，
孪晶马氏体的形成与实验钢的碳含量及淬火过程有着密切的关系。

图 4-15 给出了实验钢在 840℃淬火的 TEM 照片。从图中可以看出，实验
钢在 840℃淬火时，其组织中得到的几乎全部是马氏体组织，马氏体呈典型
的板条状分布（图 4-15a），板条内部除了存在较多的位错之外，还存在较多
的亚结构。从图 4-15b 中我们还观察到在板条内部还出现了较多的长条状析

出物，其尺寸在 80～150nm 之间，部分研究表明，该长条状析出物为 ε-铁碳化合物。通常状况下 ε-铁碳化合物是在回火时产生的，然而实验钢在淬火态也能观察到，说明实验钢在淬火后发生了自回火现象。

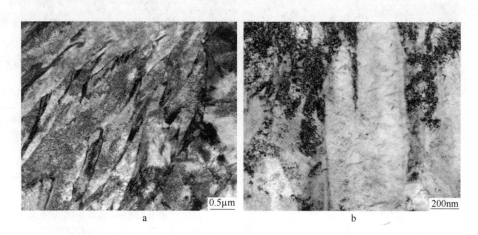

图 4-15　1 号实验钢在 840℃热处理后的 TEM 组织

a—板条状马氏体；b—含有 ε-碳的板条马氏体

1 号实验钢在不同的淬火温度下得到的力学性能见图 4-16。从图中可以看出，当淬火温度在 780～840℃之间变化时，实验钢表现出极高的力学性能，其中抗拉强度在 1000～1800MPa 之间，屈服强度在 600～1300MPa 之间，维氏硬度在 420～580HV 之间，伸长率在 11%～18% 之间，－40℃低温冲击功在 40～70J 之间。随着淬火温度的上升，强度和硬度均呈现出增加的趋势，而塑性和韧性则表现出一直下降的趋势。在变化趋势上，强度和硬度的增加速度在淬火温度为 780～820℃变化时明显比淬火温度为 820～840℃时要快。当淬火温度超过 820℃时，其强度和硬度的增加趋势明显平缓，而在韧塑性变化上则呈现出与强度和硬度相反的趋势。

在成分一定的情况下，钢的强度和韧性主要取决于组织，包括其形态、数量和分布状态等。在两相区淬火时，实验钢的加热温度对强度和韧性的影响比较明显。通常情况下，随着加热温度的升高，钢中奥氏体的相对含量会增加，铁素体的量会相对减少，在随后的淬火过程中，加热和保温过程中转变的奥氏体会转变成马氏体组织，而未转变的铁素体则得到保留，从而形成马氏体-铁素体双相钢。该类钢的屈服强度主要取决于软相铁素体相，而抗拉

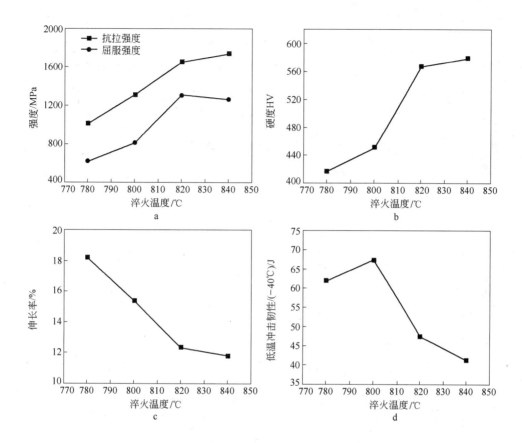

图 4-16 1 号实验钢力学性能随淬火温度的变化

a—强度；b—硬度；c—伸长率；d—低温冲击韧性

强度则取决于两相各自的强度和体积分数[151]。其中抗拉强度可由式（4-1）表示[152]：

$$\sigma_{n0} = \sigma_{nf}V_f + \sigma_m(1 - V_f) \tag{4-1}$$

式中　σ_{n0}——混合组织的强度；

σ_{nf}，σ_m——分别为铁素体和马氏体的强度；

V_f——尚未转变的铁素体的量。

当钢中的成分一定时，得到的马氏体强度和铁素体强度是一定的。因此，马氏体-铁素体双相钢最终得到的抗拉强度与其中保留的铁素体的体积分数密切相关。

对 2 号实验钢在 780 ~ 840℃之间的温度下淬火时得到的组织和力学性能

也进行了分析，其中各温度下得到的组织见图 4-17。从图中可以看出，实验钢在 800℃及以下温度淬火时，得到的组织为铁素体和马氏体双相组织。但铁素体组织的形态、体积分数及分布与 1 号钢相比均有着较大的差异。在形态及分布状况上，2 号实验钢中的铁素体多呈现出不规则的形态，而在 1 号实验钢中的铁素体则多以准多边形的形式存在；在体积分数上，当淬火温度在 780℃时，2 号实验钢中铁素体体积分数在 54% 左右，当淬火温度上升到 800℃时，铁素体的体积分数降至 38% 左右，随着淬火温度的升高，铁素体的量逐渐减少。当淬火温度进一步升高，达到 820℃和 840℃时，组织中几乎观察不到铁素体。

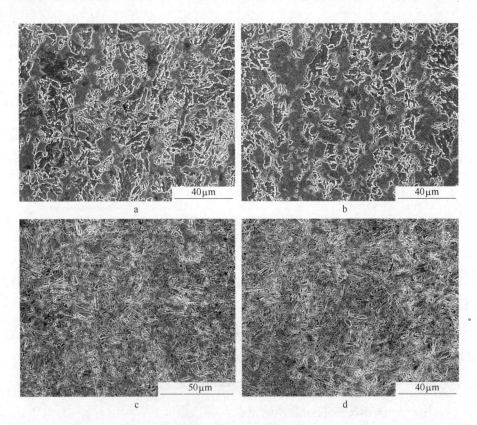

图 4-17　2 号实验钢在不同的热处理温度下的扫描组织

a—780℃；b—800℃；c—820℃；d—840℃

2 号实验钢在不同淬火温度下的典型 TEM 照片如图 4-18 所示。从图中可以看出，实验钢在 780℃和 800℃淬火时，TEM 组织中均能观察到马氏体和铁素体两种组织形态。与 1 号实验钢不用，2 号实验钢中的马氏体大部分与铁素体以相互"镶嵌"的方式结合在一起（见图 4-18a～d），且在马氏体局部也观察到了少量的孪晶，孪晶沿马氏体的板条界分布。部分研究表明[153]，孪晶马氏体常常会出现在中高碳钢中，当冷却温度足够低和冷速较大时，奥氏体中固溶碳含量增加，相应奥氏体协调变形程度增大而强化，促进奥氏体以后相变时以孪晶方式不均匀切变，从而产生孪晶马氏体。当淬火温度上升到820℃时，实验钢中几乎全部为板条马氏体组织（图 4-18e 和图 4-18f）。但在马氏体中间，偶尔也能够观察到极少量尺寸在 1μm 左右的细小铁素体组织，铁素体被大量的马氏体包围，呈弥散状分布在马氏体中间（图 4-18e）。当淬火温度上升到 840℃时，TEM 组织中几乎观察不到铁素体组织，只能看到全部的具有高密度位错的马氏体组织（图 4-18g 和图 4-18h），马氏体呈现板条状分布。从单个马氏体板条放大情况来看（图 4-18h），板条中除了存在较高密度的位错外，还存在较多数量的长条状析出物，析出物尺寸在 30～100nm

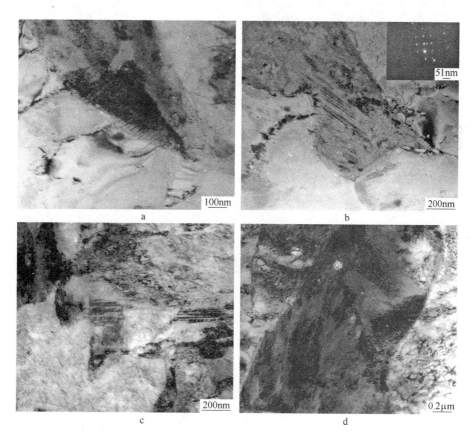

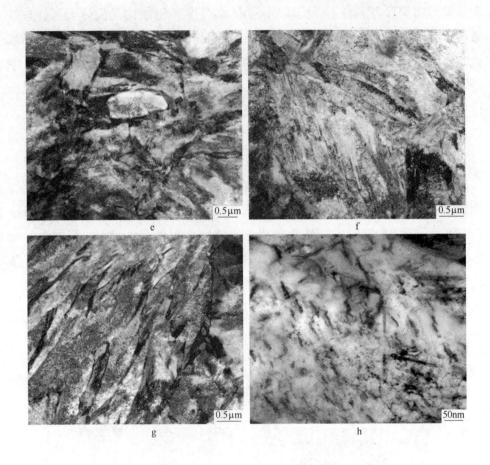

图 4-18 2 号实验钢在不同的热处理温度下典型的 TEM 照片

a, b—780℃；c, d—800℃；e, f—820℃；g, h—840℃

之间。

图 4-19 给出了 2 号实验钢在 780 ~ 840℃温度下淬火时得到的力学性能。从图中可以看出，2 号实验钢在该温度区间内淬火时表现出极高的力学性能。随着淬火温度的升高，实验钢强度、硬度均出现上升现象，而低温冲击韧性和塑性均表现出下降的趋势。力学性能的变化，主要是由于实验钢在两相区热处理时，随着淬火温度的增加，加热时会有越来越多的原始组织转变成奥氏体组织，在随后的淬火过程中奥氏体组织会转变成马氏体组织。马氏体相对于铁素体等相来说是强硬相和脆性相，因此才会出现上述的力学性能变化。

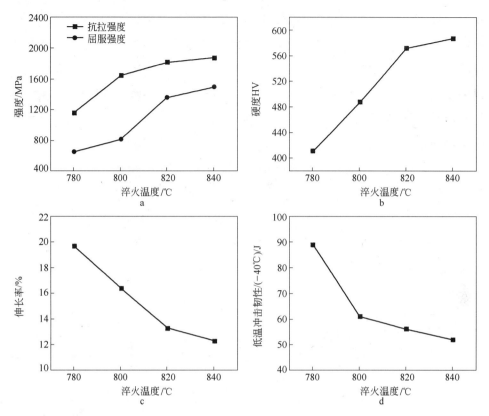

图 4-19 2 号实验钢在不同的热处理温度下力学性能的变化情况

a—强度；b—硬度；c—伸长率；d—低温冲击韧性

4.3.2.2 三体冲击磨料磨损性能

对热处理后得到的不同马氏体-铁素体组织形态和相比例的实验钢进行三

体冲击磨粒磨损实验，方案详见本章 4.2.2.3 节。1 号实验钢在不同的热处理温度下三体冲击磨料磨损 90min 后的磨损失重随淬火温度的变化关系曲线见图 4-20。从图中可以看出，实验钢在不同的热处理温度下三体冲击磨料磨损失重存在较大的差异。在780 ~ 840℃温度范围淬火时，随着淬火温度的升高，磨损失重先急剧下降，然后

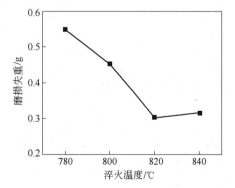

图 4-20 1 号实验钢 90min 后的磨损失重随淬火温度的变化曲线

出现稍许上升的迹象。在820℃淬火时,实验钢的磨损失重达到了最低值。根据磨损失重与耐磨性的关系可知,实验钢在820℃淬火表现出最高的耐磨性能。结合本书第3章中3.4.5节得到的单一马氏体型耐磨钢在90min的磨损失重和相对耐磨性的计算公式可知,1号实验钢在820℃的两相区淬火时的相对耐磨性是工艺优化后单一马氏体钢的1.17倍,即马氏体-铁素体双相耐磨钢表现出优异的耐磨性能。

为了分析各种淬火温度下的磨损机理,对1号实验钢在不同淬火温度下磨损面的宏观形貌进行分析,其扫描组织如图4-21所示。从宏观照片上我们可以清楚地看到不同的热处理温度下磨损面呈现出典型的不同特征。实验钢在780℃和800℃两种温度下淬火时,实验钢的磨损面形貌极为相似,除了有较大的塑变疲劳区域外,还存在一定面积和数量的宏观犁沟。从犁沟的数量和面积来看,800℃淬火相对于780℃略少。当淬火温度上升到820℃和840℃

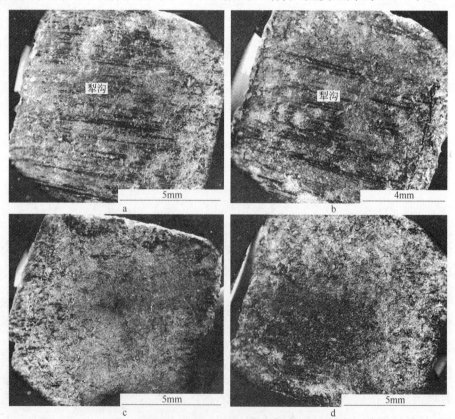

图4-21 1号实验钢在不同的热处理温度下磨损面宏观形貌扫描

a—780℃;b—800℃;c—820℃;d—840℃

时，磨损面上犁沟的面积明显减少，甚至有消失的迹象。

将实验钢磨损面的典型区域进行局部放大，其中犁沟区域、塑变疲劳区域及磨料嵌入区域分别如图 4-22 所示。在犁沟区域（图 4-22a、b）我们可以

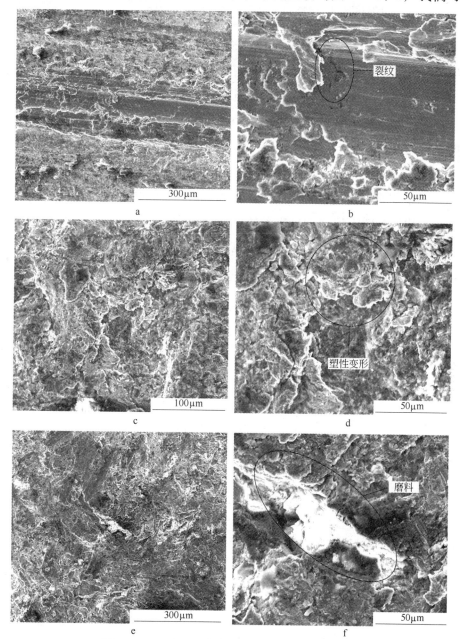

图 4-22　1 号实验钢典型区域磨损面形貌微观扫描

a，b—褶皱区域放大图；c，d—疲劳塑性变形放大图；e，f—耐磨镶嵌区域放大图

看到，犁沟底部扁平且呈平直状排列，周围有较多的塑变疲劳区，在塑变疲劳区和犁沟相结合的地方还出现了一些因撕裂而引起的裂纹。从塑变疲劳区域及放大图（图4-22c、d）中可以看出，该区域与犁沟区域有着明显的差异，出现了大量"鱼鳞状"由于反复塑性变形引起的疲劳开裂甚至剥落现象。这种局部的塑变是由于实验钢部分区域在循环的损伤条件下长时间积累形成的。在磨料嵌入区域（图4-22e、f），我们可以清晰地观察到大量的石英砂磨料嵌入材料基体内部并堆积长大的现象。石英砂的嵌入会随着磨损时间的增长而越来越多，从而对材料局部造成严重的破坏，会加快实验钢的磨损，不利于耐磨性能的改善。

图4-23给出了2号实验钢在780～840℃热处理时得到不同马氏体-铁素体相比例组织在三体冲击磨料磨损下90min后的磨损失重变化曲线。从图中可以看出，2号钢的磨损失重随淬火温度的变化与1号钢极为相似，均表现出随着淬火温度的上升，磨损失重先降低后增加的现象，在820℃淬火时的磨损失重达到最低值。对比1号实验钢和2号实验钢的磨损失重随淬火温度的变化曲线可以发现，1号实验钢在820℃淬火时的磨损失重仅比840℃淬火时略微降低，而在2号实验钢中，其在820℃淬火时磨损失重相对于840℃淬火时下降更为明显。结合两种实验钢得到的组织形态可知，1号实验钢得到的主要是马氏体-多边形铁素体双相组织，而2号实验钢得到的是马氏体-针状铁素体双相组织，该部分结果也可以进一步说明在双相组织中，马氏体-针状铁素体实验钢的耐磨性能要比马氏体-多边形铁素体实验钢更加优越。

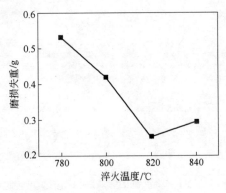

图4-23 2号实验钢在不同淬火温度下磨损90min后的失重

对 2 号实验钢磨损面的宏观形貌也进行了分析，结果如图 4-24 所示。从图中可以看出，2 号实验钢在低冲击应力下的三体磨料磨损机理仍然是以塑变疲劳为主，同时存在少量的微观切削和磨料嵌入区域。在塑变疲劳、微观切削和磨料嵌入区域面积上，四种热处理温度下的实验钢表现出较大的差异。在 780℃热处理时，实验钢的微观切削区域面积较大，犁沟较深，且存在几处面积较大的磨料嵌入区域（图 4-24a 中白亮区域）；随着热处理温度的升高，当达到 800℃时（图 4-24b），微观切削区域和磨料嵌入区域面积明显减少，而塑变疲劳区域增多，但仍然可观察到几处较深的犁沟；当热处理温度达到 820℃时（图 4-24c），犁沟和较大的磨料嵌入区域几乎消失，整个磨损面几乎全部变为塑变疲劳区域；随着淬火温度的进一步升高，达到 840℃时，实验钢的磨损面整体上仍以塑变疲劳为主，但又出现了少量的犁沟区域。对

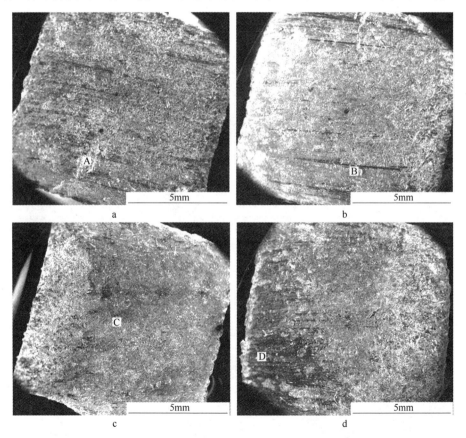

图 4-24　2 号实验钢在不同热处理温度下的磨损面宏观形貌

a—780℃；b—800℃；c—820℃；d—840℃

比840℃和780℃、800℃时磨损面上的犁沟区域可以发现，实验钢在840℃热处理时得到的犁沟沟深相对其他温度下的较浅，可能是由于实验钢在840℃淬火时，得到的硬度显著增加，从而使得抵抗磨料嵌入能力增强所致。

对四种热处理工艺制度下得到的实验钢磨损面上典型区域形貌进行放大分析，结果如图4-25所示。从图4-25a和图4-25b所示实验钢在780℃热处理时得到的实验钢磨损面宏观照片放大形貌（图4-24a中的A位置）中可以看出，实验钢磨损面在该处存在着较多的磨料嵌入，在磨料嵌入的附近同时存在较多的塑变疲劳区域。图4-25c和图4-25d给出了实验钢在800℃热处理时得到的实验钢磨损面宏观扫描照片的放大形貌（图4-24b中的B位置）。从图中可以看出，实验钢的犁沟与磨料嵌入共存，其犁沟的底部还存在有大量的微裂纹，在部分微裂纹的起源处隐约发现该微裂纹也是磨料嵌入的源头。图4-25e和图4-25f给出了实验钢在820℃热处理时得到的实验钢磨损面宏观扫描照片的放大形貌（图4-24c中的C位置）。在该图中我们发现其磨损主要为

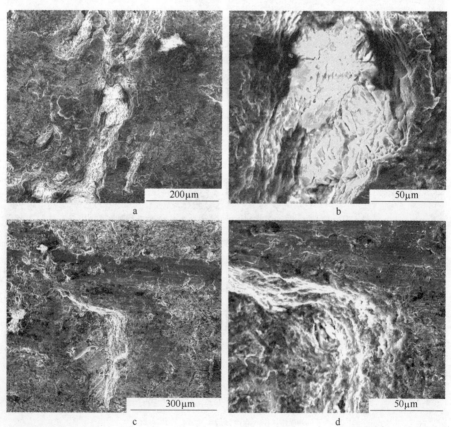

200μm

a

50μm

b

300μm

c

50μm

d

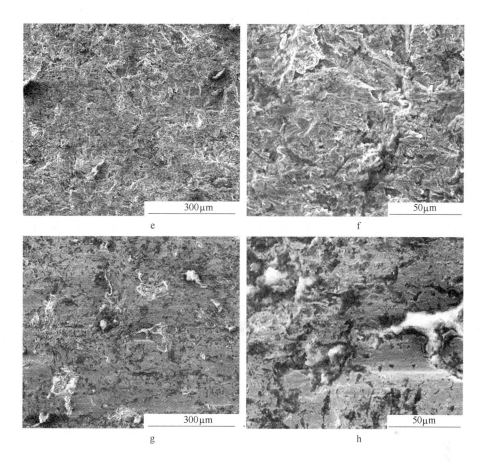

图 4-25 2 号实验钢不同温度热处理时磨损面上典型位置的放大形貌

a，b—图 4-24 中 A 位置放大图；c，d—图 4-24 中 B 位置放大图；

e，f—图 4-24 中 C 位置放大图；g，h—图 4-24 中 D 位置放大图

塑变疲劳，在部分因多次循环疲劳而即将发生脱落的地方我们也发现了一些磨料嵌入的情况，但嵌入的数量要远少于 A 和 B 处，嵌入的深度与较低的热处理温度时相比也比较浅。磨料的嵌入，会加速疲劳磨损的发生，从而不利于耐磨性能的提高。图 4-25g 和图 4-25h 给出了实验钢在 840℃热处理时得到的磨损面宏观扫描（图 4-24d 中的 D 位置）的放大形貌。该位置与之前的犁沟及塑变疲劳区域有着较大的差异，该区域极为平滑，塑变疲劳部分远少于其他三种热处理温度时的情况，磨料嵌入的面积也比较小，较为孤立地分散在平滑的表面上。通过各部分磨损局部区域的放大扫描照片我们还可以发现，切削磨损、塑变疲劳和磨料嵌入等磨损机制在磨损过程中会发生相关促进和

转化，从而加速了磨损的发生。

由本书第3章研究可知，低合金马氏体耐磨钢在遭受三体冲击磨料磨损时，其磨损率是由切削磨损和塑变疲劳磨损两部分共同作用的结果。而在马氏体-铁素体双相耐磨钢中，从磨损面的宏观及微观区域分析来看，除了在820℃淬火时材料由塑变疲劳组成外，过高或过低的淬火温度下的材料磨损机理主要也是微观切削和塑变疲劳两部分组成。在微观切削的过程中，磨料在受法向应力时嵌入材料基体内部，在随后的运动过程中嵌入较深的部分会保留在材料基体内部，从而形成磨料嵌入区域；另一部分嵌入较浅的磨料则会随着试样的运动而产生滑动形成犁沟。因此，犁沟和磨料嵌入的形成与材料基体的硬度密切相关。材料在遭受塑变疲劳磨损时，其磨损率与材料的硬度和断裂韧性的乘积密切相关，因此，较高的硬度和良好的韧性配合是提高塑变疲劳磨损的因素。在本实验中，少量的铁素体的存在，有利于提高材料的断裂韧性而使硬度降低较少，较高的硬度可抵抗磨损过程中磨料的嵌入，从而减少犁沟和磨料嵌入区域的面积；同时，铁素体是软相，具有良好的韧塑性，在磨损过程中会降低应力集中，也有利于提高材料的三体冲击磨料磨损性能。因此，在马氏体-铁素体双相钢组织中适当地保留极少部分铁素体组织，有利于提高材料的三体冲击磨料磨损性能。

4.4 讨论

实验钢在 $A_{c1} \sim A_{c3}$ 之间的某一温度淬火时，得到的钢板组织是马氏体-铁素体双相组织，对其力学性能影响的本质因素是铁素体或马氏体的体积分数及分布状态[134,137]。而双相组织中铁素体或马氏体的体积分数及分布状态又与两相区热处理前的原始组织及热处理过程密切相关。下面分别就铁素体的形态和体积分数对实验钢两相区热处理后的力学性能及三体冲击磨损性能的影响进行讨论。

4.4.1 铁素体形态对力学性能及三体冲击磨损性能的影响

图4-26给出了1号实验钢在控制轧制后采用空冷的方式冷却至室温和控制轧制后以15℃/s的冷速冷却至500℃然后空冷至室温得到的不同形态的铁

素体组织。从图中可以看出，实验钢在轧后空冷时得到的铁素体为准多边形形态，比较均匀地分布在珠光体的周围；当实验钢轧后经过层流冷却时得到的铁素体形态为针状和粒状，均匀地分布在基体当中。

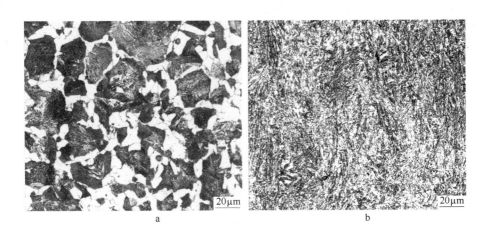

图 4-26　初始组织中不同的铁素体形态及分布

将得到的两种不同铁素体形态实验钢进行同一条件下的两相区热处理实验，热处理时加热温度为 820℃，保温时间为 15min。不同形态的铁素体实验钢在两相区热处理后得到的力学性能如图 4-27 所示。从图中可以看出，在相同的两相区热处理条件下，初始组织中铁素体的形态对实验钢两相区热处理后的力学性能有较大的影响。初始组织中含有针状铁素体时得到的强度、硬度、塑性及低温冲击韧性均较原始组织为多边形铁素体时要高。在抗拉强度上，初始组织为针状铁素体和粒状贝氏体的实验钢要比初始组织为多边形铁素体的实验钢两相区热处理后高 100MPa，屈服强度要高 150MPa，维氏硬度要高 20HV，伸长率高 0.8%，-40℃低温冲击韧性高 11J。

当初始组织为铁素体和珠光体的平衡态时，Speich 等[154]将两相临界区等温转变过程的组织变化划分为三个阶段：（1）奥氏体首先在铁素体和珠光体的交界面处形核，直到珠光体完全转变成奥氏体组织；（2）奥氏体向未溶解的铁素体慢速长进；（3）奥氏体与铁素体达到平衡。因此，原始组织中，珠光体越多，两相区加热过程中转变成的奥氏体就越多，从而在两相区淬火后得到的马氏体的组织也就越多。此外，初始组织不同的实验材料，在相同的两相区热处理条件下进行热处理时，由于组织大小和形态差异，会造成两相

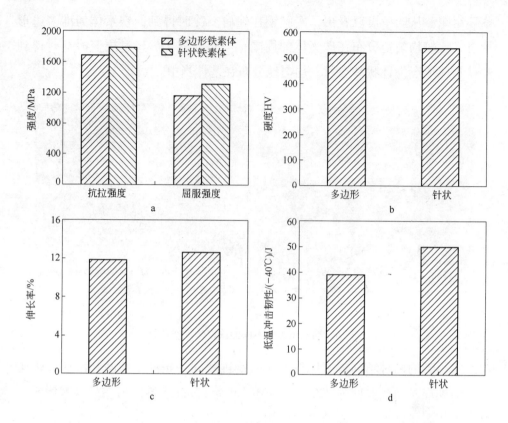

图 4-27 初始组织中铁素体的形态对实验钢两相区热处理后力学性能的影响

a—强度；b—硬度；c—伸长率；d—低温冲击韧性

区加热和保温过程中碳原子扩散速率的不同，从而对奥氏体的形核产生影响。初始组织越细小，在加热和保温过程中越有利于碳元素的扩散，从而有利于初始组织向奥氏体转变。在随后的热处理过程中，得到的奥氏体组织会转化为马氏体组织，而其他组织则得到保留。转化的奥氏体越多，得到的马氏体体积分数越多。马氏体是硬相组织，有利于得到高的强度和硬度。因此，在上述实验中，初始组织为细小针状铁素体和贝氏体组织的实验钢在两相区热处理后得到的强度和硬度要高于初始组织较粗大的多边形铁素体和珠光体的实验钢。

通常情况下，实验钢强度和硬度的提高会使塑性和韧性相应地降低，而本实验中，初始组织为针状铁素体和贝氏体的实验钢两相区热处理后不但在强度和硬度上要高于初始组织为多边形铁素体和珠光体的实验钢，而且在塑性和低温冲击韧性上，也同样高于初始组织为多边形铁素体和珠光体的实验钢。从图4-28所示两种不同初始组织实验钢在两相区热处理后的 TEM 照片可以看到，初始组织为多边形铁素体和珠光体的实验钢在两相区热处理后得到的马氏体和铁素体双相组织大部分的结合方式都是以"有序"多边形的相界面相结合，而在初始组织为针状铁素体和粒状贝氏体的实验钢在两相区热处理后的组织中，除了观察到部分马氏体-铁素体以"有序"多边形相界面相结合外（图4-28a），还观察到了大量的马氏体与铁素体以"镶嵌"的方式相结合（图4-28b）。作者认为，当马氏体相与铁素体相以"镶嵌"方式相结合时，会增加二者的结合能，在受到外力作用时，"镶嵌"的结合方式有利于提高抵抗外力作用的能力，从而达到提高塑性和韧性的目的。

 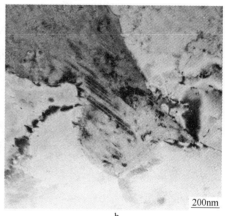

图4-28 不同初始组织实验钢两相区热处理后的 TEM 照片

a—马氏体-铁素体有序分布；b—马氏体-铁素体互相镶嵌于内部

将不同初始组织的实验钢在两相区热处理后进行三体冲击磨料磨损性能测试，实验方案如本章4.2.2.3节所示。不同初始组织实验钢两相区热处理后磨损失重随磨损时间的变化关系如图4-29所示。从图中可以看出，随着磨损时间的增加，磨损失重也增加，其中初始组织为多边形铁素体的实验钢在两相区淬火后的磨损失重均比相同条件下初始组织为针状铁素体的实验钢要多。当初始组织为多边形铁素体和珠光体时，两相区热处理后的磨损率为0.1684g/h；而当初始组织为针状铁素体和粒状贝氏体组织时，两相区热处理后的磨损率为0.1452g/h。根据磨损失重和耐磨性的关系可知，初始组织为针

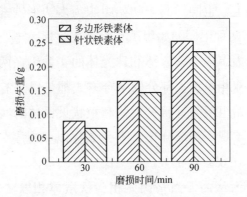

图4-29 不同初始组织实验钢两相区热处理后磨损失重随磨损时间的变化

状铁素体的实验钢的耐磨性要高于初始组织为准多边形铁素体的实验钢。

初始组织的不同可分为组织中大小不同和形状不同两种。从组织的大小来看，实验钢中的多边形铁素体的形态要远大于针状铁素体和贝氏体铁素体组织。在同等条件下的两相区热处理加热时，会因组织大小的差异而产生不同的扩散速率[118]。组织越细小，加热时的扩散速率越大，因此越有利于奥氏体组织的形核和核长大。在随后的淬火过程中，加热过程中转化的奥氏体体积分数越多，得到马氏体体积分数也就越多。而马氏体相是硬相，硬度较高，因此有利于提高强硬度，从而增强了材料的抗磨损性能。在初始组织的形态上，从本节前面关于两种组织类型实验钢两相区热处理后的 TEM 照片分析可知，多边形铁素体的原始组织在两相区淬火后保留的铁素体与马氏体大多以"平滑有序"的方式结合在一起；而在针状铁素体的原始组织中，在两相区淬火后保留的铁素体与马氏体则多以"镶嵌"的方式结合。结合方式的不同，会给后续断裂韧性带来较大的差异。这也是实验钢在两相区热处理后得到的低温冲击韧性上，以针状铁素体和粒状贝氏体为原始组织相对于多边形铁素体组织在两相区热处理后高出 11J 的原因之一。在硬度不变或降低较少时，断裂韧性的提高，可显著增加材料的抗塑变疲劳磨损性能。通过以上的分析可以得知，两相区热处理时得到的马氏体-铁素体耐磨钢中，初始组织为细小的针状铁素体得到的耐磨性要高于初始组织为粗大的多边形铁素体组织。

4.4.2 铁素体的体积分数对实验钢力学性能和三体冲击磨损性能的影响

实验钢在 A_{c3} 附近温度淬火时，最终改变的是组织中软硬相比例和分布状态，即铁素体和马氏体相的体积分数和分布情况。其中，淬火温度是改变二者比例的最简单也是最有效的办法。图4-30给出了1号实验钢在不同淬火温度下铁素体体积分数的变化情况。从图中可以看出，实验钢在780～840℃范围内淬火时，淬火温度对实验钢铁素体体积分数影响明显，随着淬火温度的上升，铁素体体积分数逐渐减少，当淬火温度上升到840℃时，得到的铁素体的体积分数几乎为零。从铁素体体积分数的变化趋势来看，实验钢的淬火温度从800℃增加到820℃时，铁素体的体积分数下降尤为明显，从36.4%下降到6%左右。铁素体体积分数的变化情况，在图4-13所示的组织中也可较为清晰地观察到。

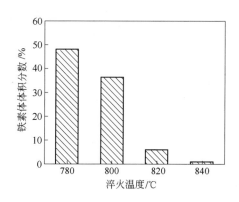

图4-30　铁素体体积分数随淬火温度的变化

　　实验钢在两相区淬火时，加热温度的变化，使得同等原始组织下元素的扩散和奥氏体的形核速率及核长大产生改变。加热温度较高时，元素的扩散系数较大，扩散速率较快，有利于奥氏体的形核和核长大。从本书第2章测得实验钢的A_{c3}温度值可以看出，实验钢的A_{c3}温度约为827℃，而在采用820℃的加热温度热处理时，该加热温度低于实验钢的A_{c3}温度10℃左右，且比较接近实验钢的完全奥氏体转变温度A_{c3}值。因此，在该温度下加热时，奥氏体的转化比较接近完全转化值，从而使得在随后热处理时保留的铁素体体积分数较少。实验钢在780℃和800℃淬火时，其温度值均距离实验钢的A_{c3}温度827℃较远，同时，实验钢加热后的保温时间均只有10min，比较短，因此，在这两种温度下加热时铁素体转变成奥氏体的体积分数有限，在随后的淬火过程中保留的铁素体的体积分数也较多。

实验钢在两相区热处理后的力学性能随铁素体体积分数的变化如图 4-31 所示。从图中可以看出，随着铁素体体积分数的增加，实验钢的抗拉强度、屈服强度及硬度均表现出降低的趋势，而伸长率则呈现出相反的变化；在低温冲击韧性上，随着铁素体体积分数的增加，实验钢表现出先增加然后略有下降的现象。

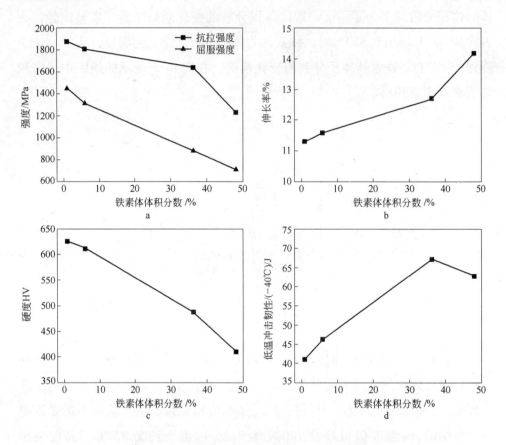

图 4-31　实验钢铁素体体积分数与力学性能的关系

a—强度；b—伸长率；c—硬度；d—低温冲击韧性

对实验钢中铁素体的体积分数与磨损失重进行了分析，其中实验钢在 90min 后的三体冲击磨料磨损失重与铁素体的体积分数的变化曲线如图 4-32 所示。从图中可以看出，随着铁素体体积分数的增加，实验钢的磨损失重出现先略为下降后快速增加的现象。而钢的耐磨性是磨损失重的倒数，因此，实验钢的耐磨性能随着铁素体体积分数的增加表现为先略为增加，然后急剧下降。

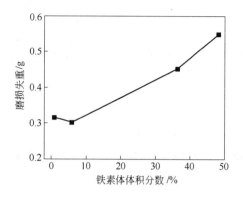

图 4-32　铁素体体积分数与三体冲击磨料磨损失重的关系

对于双相耐磨材料，Moore[155]给出了磨损率与各相比例之间的关系公式：

$$\frac{1}{W_c} = \frac{V_M}{W_M} + \frac{V_R}{W_R}$$

(4-2)

式中　W_c——双相材料磨损率；

　　　W_M——基体磨损率；

　　　W_R——第二相（相对于基体外的相）磨损率；

　　　V_M——基体的体积分数；

　　　V_R——第二相的体积分数。

从式（4-2）中我们可以看出，在双相耐磨材料中，材料的耐磨性 $1/W_c$ 与材料基体及第二相的体积分数及各自的耐磨性均有着密切的关系。在本实验钢中，马氏体是硬相，且占较大的体积分数，为材料基体部分；而铁素体是软相，仅占有很小的比例，可认为是第二相。只有当二者的体积分数比例得当及各自的耐磨性较高时，双相耐磨材料才能表现出更高的耐磨性能。在部分实验研究中，当铁素体的体积分数在3%~6%之间时，实验钢表现出高于全马氏体相组织的三体冲击磨料磨损性能。通过本部分研究，也进一步证明，当铁素体相作为第二相存在于以马氏体为基体的组织中时，只要其比例适当，可有利于提高材料的三体冲击磨料磨损性能。

4.5　本章小结

本章通过对马氏体-铁素体双相低合金耐磨钢的研究，分析了轧制及轧后冷却过程和合金元素 Mo 对实验钢中铁素体的形态、体积分数的影响规律，研究了以不同形态、体积分数的铁素体作为原始组织时在两相区热处理后的组织及力学性能变化规律，以及同一原始组织在不同的两相区热处理过程中的组织性能变化，并对其热处理后的三体冲击磨料磨损行为进行了分析，最终得出以下结论：

（1）轧制及轧后冷却过程可以有效地控制铁素体的体积分数和形态，控制轧制后适度的冷却能够使多边形铁素体变为针状铁素体或粒状贝氏体组织。

（2）在钢中添加少量的合金元素 Mo，有利于促进铁素体的形态由准多边形向针状转变，使实验钢在高温直接轧制条件下即可得到针状铁素体组织；同时，Mo 元素的添加，还可在同等工艺条件下细化实验钢的组织。

（3）当初始组织为多边形铁素体时，两相区热处理后得到的组织中马氏体与铁素体多以较为"平滑有序"的方式结合；当组织为针状铁素体或粒状贝氏体时，热处理后的组织中马氏体与铁素体较多的以"镶嵌"方式结合；"镶嵌"方式的结合相对于"平滑有序"的方式结合更有利于提高实验钢的韧性。

（4）在同等两相区热处理工艺条件下，初始组织为针状铁素体的实验钢相对于初始组织为多边形铁素体的实验钢可以得到更高的三体冲击磨料磨损性能。

（5）马氏体-铁素体双相钢中，最佳的两相区热处理温度为 A_{c3} 以下 10℃左右，此时，铁素体的体积分数为 3% ~ 6%，少量的铁素体组织的存在，有利于提高实验钢的断裂韧性，降低应力集中，从而能够提高其三体冲击磨料磨损性能。当热处理温度在 A_{c3} 以下超过 10℃时，由于软相组织铁素体相的急剧增多，较大幅度地降低了材料的硬度，不利于材料耐磨性能的提高。

（6）马氏体-铁素体双相钢中，当铁素体的体积分数较多（超过 30%）时，其遭受三体冲击磨料磨损的磨损机理为犁沟和塑变疲劳共存，并伴随有少量的磨料嵌入，此时犁沟较深且面积较多；当铁素体的体积分数在 3% ~ 6% 时，磨损机理几乎全部变为塑变疲劳；当铁素体的体积分数降低到零，即基体全部为马氏体组织时，实验钢的磨损面上又出现了少量较浅的犁沟。

（7）在以板条马氏体为基体的耐磨钢中适当地保留 3% ~6% 的针状铁素体组织，不但不会使其硬度过多地降低，而且能够使其韧性有明显的提高，从而有利于提高钢的耐磨性能。

5 基于纳米析出物控制的耐磨钢研究及磨损机理研究

5.1 引言

马氏体、马氏体-铁素体低合金耐磨钢增强耐磨性的机理主要是通过马氏体基体的高硬度和板条马氏体、马氏体-铁素体的韧性配合来实现的。然而，提高马氏体的硬度时，不可避免地会增加碳含量，碳含量的增加会对钢的韧塑性、焊接性和机械加工性能等带来不利影响；提高铁素体的比例可以显著增加钢的韧塑性能，但是，当其比例过高时会较大幅度地降低钢的硬度，从而会对耐磨性不利。开发一种在不增加或少增加碳含量的同时来提高材料的硬度和耐磨性的钢种，一直是近年来耐磨材料研究工作者追求的目标。

在合金中较软的基体上分布一些较硬的第二相颗粒的微观组织设计，有可能实现上述目标，该部分工作在耐磨铸钢中已有较多的研究，并在部分领域得到了工业化推广应用，取得了不错的增强耐磨性效果[107~109,156~161]。然而在轧制和热处理方式生产的低合金耐磨钢中却鲜有研究。在磨损时，硬的第二相颗粒可以起到支撑的作用，而软的基体能够起到增强韧塑性并保护第二相避免脱落的作用，从而实现材料耐磨性能较大幅度提高的目的。在该类合金中，第二相的选择、数量、形状、大小、分布以及与基体的界面结构尤为重要，直接关系到材料耐磨性的提高程度。在第二相的选择方面，书中第2章介绍实验钢组织设计时已作了较为详细的阐述，在此不再一一介绍。其数量、大小及分布等的控制及给实验钢力学性能和耐磨性带来的影响将是本章研究的重点。

基于上述分析，本章将以"马氏体强韧基体 + 纳米 TiC（或(Ti,Mo)C）硬质颗粒"为组织研究目标，通过对工艺过程的控制，最终得到具有较高硬度的板条马氏体基体上分布大量纳米级碳化钛（钼）的析出粒子，以此来进一步增强耐磨性能。在本章研究中，分析了连续冷却过程中钛微合金实验钢在不同相变过程中的析出行为及其给组织性能带来的变化，同时还研究了轧后冷却速率、冷却路径等工艺参数对实验钢析出行为和组织性能演变规律，分析了轧制及轧后冷却过程中得到的纳米微合金析出物在离线热处理过程中的变化及离线热处理过程中淬火和回火工艺对析出物的影响规律，探讨了不同控制析出大小和数量的实验钢在离线热处理过程后的组织、力学性能及三体冲击磨料磨损行为，为得到更高耐磨性能的钢板提供指导。

5.2 实验材料及方法

5.2.1 实验材料

实验材料采用第 2 章中所设计的 3 号高 Ti 微合金钢成分，并采用 150kg 的实验室小炉进行真空冶炼，具体的冶炼成分结果见表 5-1。从表中可以看出，实验钢除了在 Ti 元素上与 2 号实验钢略有增加外，在其他元素方面则几乎没有差别。在本章实验中，将 Ti 元素的含量从 2 号实验钢中的 0.015% 增加到 0.15%。

表 5-1 实验钢化学成分 （质量分数,%）

编号	C	Si	Mn	P	S	Cr	Ti	Mo	B	N
3	0.27	0.28	1.26	0.008	0.002	0.32	0.15	0.22	0.0015	0.0030

5.2.2 实验方法

5.2.2.1 连续冷却相变过程中的析出控制研究方法

如图 5-1 所示，将实验钢以 20℃/s 的加热速率加热至 1250℃，保温 3min，然后以 10℃/s 的冷却速率冷却至 950℃，保温 20s 后，以 $1s^{-1}$ 的变形速率进行 40% 的压缩变形，然后分别以 0.5℃/s、1℃/s、2℃/s、5℃/s、10℃/s、15℃/s、20℃/s、30℃/s 的冷速冷却到室温。记录冷却过程中的热膨胀曲线，并进行连续冷却相变分析（具体分析结果详见第 2 章）。实验后，在热电偶焊接点处沿试样纵剖面磨制金相，观察组织形貌和检测其硬度，并对该处进行 TEM 分析，观察其微细结构和析出行为。

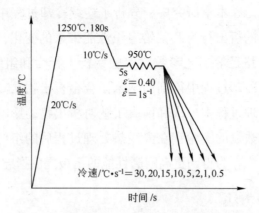

图 5-1　连续冷却过程中相变和析出分析实验工艺示意图

5.2.2.2　轧制及轧后冷却过程析出控制实验方法

（1）加热：对一般钢铁材料而言，热轧前的加热总是在保证材料微合金元素充分溶解及奥氏体化均匀的前提下，采用尽量低的加热温度，以减少加热过程中奥氏体晶粒的长大。由于实验钢中含有较多的微合金元素 Ti，通过对 TiC 析出动力学理论计算可知，在 1250℃ 时 Ti 元素的固溶量约为 0.1%，1300℃ 时为 0.12%。选择较高的加热温度是析出强化型钢所必需的。为使合金元素充分溶解，同时避免奥氏体晶粒过分长大，实验中选择的均热温度为1250℃，保温时间为 2~3h。

（2）轧制：轧制过程采取两阶段控轧，其中第一阶段的终轧温度要求控制在1000℃以上，轧制 3 道次，道次压下率要求大于 15%；第二阶段开轧温度要求控制在950℃以下，轧制 4 道次，累积压下率约70%。实验过程中的具体轧制规程见表5-2。

表 5-2　实验钢的轧制工艺规程

道　次		入口厚度/mm	出口厚度/mm	压下量/mm	压下率/%	累计压下率/%
第一阶段 （1~3 道次）	1	100	75	25	25	60
	2	75	55	20	26.7	
	3	55	40	15	27.3	
第二阶段 （4~7 道次）	4	40	30	10	25	70
	5	30	21	9	30	
	6	21	15	6	28.6	
	7	15	12	3	20	

（3）冷却：冷却过程可以控制实验钢的相变进程，并可控制其析出发生在不同的相变阶段。按照上述轧制工艺进行轧制后采取四种不同的冷却制度，以此来控制其相变和析出情况，即终轧后进行：（Ⅰ）轧后采用超快速冷却（UFC，冷却速率约为80℃/s）至600~650℃的温度区间，然后空冷（AC，冷速约为0.7℃/s）至室温；（Ⅱ）轧后采用超快速冷却（UFC，冷却速率约为80℃/s）至600~650℃的温度区间，然后随炉冷却（FC，冷速约为0.02℃/s）至室温；（Ⅲ）轧后采用常规层流冷却（ACC，冷却速率约为15℃/s）至600~650℃的温度区间，然后空冷（AC，冷速约为0.7℃/s）至室温；（Ⅳ）轧后采用超快速冷却（UFC，冷却速率约为80℃/s）至室温。具体轧制及轧后冷却过程工艺示意图如图5-2所示。实验过程中具体的温度参数控制情况见表5-3。实验钢在轧后冷却后分别进行组织、析出物及力学性能分析，其中力学性能的检测方法及其设备均按本书第3章中的3.2.2小节所述进行。

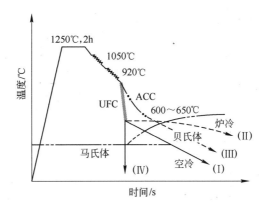

图5-2 实验钢轧制及轧后冷却控制方案示意图

表5-3 轧制及冷却工艺参数记录

工艺编号	粗 轧		精 轧		冷却方式
	开轧温度/℃	终轧温度/℃	开轧温度/℃	终轧温度/℃	
Ⅰ	<1150	1000~1100	<950	850~900	超快冷至634℃后空冷
Ⅱ					超快冷至638℃后炉冷
Ⅲ					层流冷却至614℃后空冷
Ⅳ					直接淬火至室温

5.2.2.3 轧后冷却过程的析出控制对离线热处理后的组织性能影响研究方案

为了研究轧制及轧后冷却工艺对后续离线热处理组织、力学性能及析出行为带来的影响，将上述 I～IV 四种轧制及轧后冷却后的实验钢进行同种工艺的离线热处理，具体工艺示意图见图 5-3。将四种轧后冷却工艺条件下的实验钢以相同的加热速率加热至 880℃，保温 15min，然后淬火冷却至室温，分析其组织、析出物形貌及力学性能的变化。

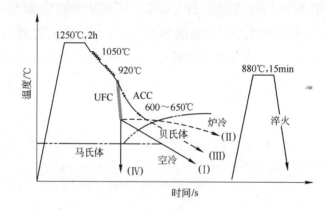

图 5-3 轧后冷却过程析出及组织性能控制对离线热处理的影响工艺示意图

5.2.2.4 离线热处理过程析出及组织性能控制研究方案

为研究离线热处理过程对轧制及轧后冷却后实验钢的析出、组织及性能变化的影响，将在 I 号轧制工艺条件下得到的实验钢进行系列离线淬火和回火热处理实验。具体的离线热处理工艺参数为：（1）淬火工艺研究：淬火温度分别为 840℃、860℃、880℃、900℃、920℃，保温时间为 15min，然后淬火冷却至室温，分析其组织和力学性能的变化；（2）回火工艺研究：将淬火温度固定为 880℃，保温 15min，然后进行 150℃、180℃及 250℃的回火，其中回火保温时间均为 36min。具体的工艺示意图如图 5-4 所示。

5.2.2.5 三体冲击磨损实验方案

将各种工艺条件下热处理后的实验钢进行三体冲击磨料磨损实验，以分

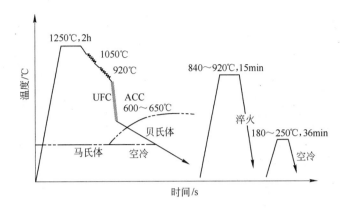

图 5-4 离线热处理析出及组织性能控制工艺示意图

析轧制和热处理过程中对析出物的控制给磨损性能带来的影响，其磨损实验方案与本书第 3 章 3.2.2.3 节所述实验方案相同。

在本章中，还选取了国内外相同级别的低合金耐磨钢板，如南钢生产的 NGNM500、日本 JFE 生产的 JFE-EH500 和德国迪林根生产的 DILLIDUR500V，以此作为参照对象，来研究本章中得到的纳米析出型耐磨钢的相对耐磨性能。

5.3 实验结果及分析

5.3.1 连续冷却相变过程中的析出行为研究

析出可以发生在不同的相变阶段，如奥氏体、铁素体、贝氏体甚至是马氏体相变时均能发生析出。而不同相变阶段的析出物在形态、数量、大小及分布上均会表现出一定的差异，因此，研究实验钢在不同相变时的析出行为，对于本章中纳米析出物的控制，有着极其重要的参考借鉴意义。

5.3.1.1 连续冷却过程中的组织及硬度变化

图 5-5 给出了实验钢以 5.1.2.1 节所述实验方案中的三种典型冷速如 0.5℃/s、2℃/s 和 20℃/s 条件下冷却至室温时得到的组织。从图中可以看出，实验钢在以 0.5℃/s 的冷速冷却时，得到的组织由粒状贝氏体、针状铁素体和少量的珠光体三部分组成（图 5-5a）；当冷速为 2℃/s 时，实验钢得到的组织（图 5-5b）几乎全部变为贝氏体组织，且贝氏体大部分以板条状存

在；当冷却速率达到 20℃/s 时，实验钢得到的组织（图 5-5c）全部为马氏体，马氏体呈板条状分布在基体中。

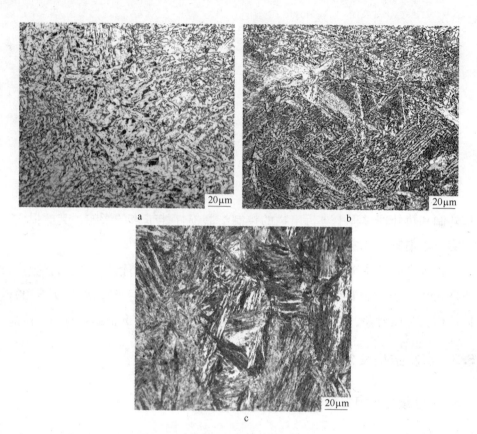

图 5-5　实验钢在不同冷速下得到的组织

a—0.5℃/s；b—2℃/s；c—20℃/s

对实验钢热变形后以 0.5～30℃/s 不同的冷却速率冷却至室温时得到的硬度进行了分析，其结果如图 5-6 所示。为了便于区分不同的相变组织及析出给实验钢性能带来的变化，将硬度曲线分为 1～5℃/s 的低冷速部分（图 5-6a）和 5～30℃/s 的高冷速（图 5-6b）部分。从低冷速区间的硬度变化规律图（图 5-6a）中可以看出，当冷速在 2℃/s 以内变化时，实验钢的硬度增加较快（硬度随温度变化曲线斜率较大），随着冷却速率的增加，实验钢的硬度增加趋势变缓。当冷却速率在 5～10℃/s 的范围内变化时，实验钢的硬度出现急剧增加的现象，随着冷却速率的进一步增加，大于 10℃/s 时，实验钢硬度的增加趋势逐渐变缓。

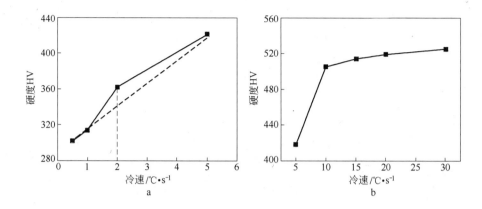

图5-6 实验钢硬度随冷却速率的变化曲线

a—低冷速；b—高冷速

在冷却过程中，随着冷速的变化，实验钢同时发生着相变和析出，二者的变化使实验钢的硬度产生较大的差异。当冷速不大于2℃/s时，实验钢中相变对硬度的作用较小，而对硬度起主要作用的是析出强化（关于析出强化的作用，将在下一节中作重点阐述）；而随着冷却速率的进一步增加，实验钢逐渐发生了贝氏体甚至是马氏体相变，贝氏体和马氏体均是强硬相，具有较高的硬度，因此，实验钢才有了在后续较大冷速时硬度急剧增加的现象；当冷却速率大于10℃/s时，实验钢的马氏体相变接近完成，因此，随着冷却速率的进一步增加，硬度的增加趋势不是很明显。

5.3.1.2 连续冷却过程中的析出行为

为了弄清实验钢在不同冷速下的硬度变化原因，对上述三种典型冷却速率下的试样进行 TEM 分析，图5-7给出了实验钢在0.5℃/s、2℃/s和20℃/s三种典型冷速下的析出物分布情况。从图5-7a和图5-7b所示实验钢在冷速为0.5℃/s时的透射电镜照片中可以看出，在该冷速条件下，大量的纳米级的微小析出粒子存在于实验钢中，其分布状态有两种，即基体内部（图5-7a）和位错线上（图5-7b）。基体内部的析出粒子明显较位错线上析出粒子的尺寸大。其中基体内部的析出粒子尺寸范围在 10～15nm 之间，而位错线上的析出粒子尺寸分布在3～10nm 范围内。当冷速上升到2℃/s时（图5-7c），实验钢中析出粒子的数量出现明显增多和尺寸出现显著减小的迹象，此时析出粒子尺寸范围分布在 3 ~ 10nm 之间，微小的析出粒子主要分布在贝氏体铁素体基体上。随着冷速的进一步增加，当达到 20℃/s 时，析出物中除了部分 3 ~ 10nm 的球形粒子外，还存在较多的长条状析出粒子（图 5-7d），其尺寸在 80 ~ 150nm 之间。与冷速为 2℃/s 时相比，冷速在 20℃/s 时得到的球形析出粒子数量有明显减少的迹象。

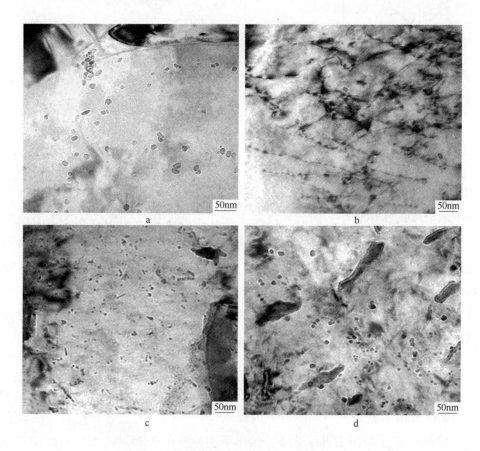

图 5-7　实验钢在不同冷却速率下的析出物分布

a，b—0.5℃/s；c—2℃/s；d—20℃/s

　　为了弄清实验钢在不同的冷速条件下析出相的组成，对三种冷速条件下的析出物进行了 EDS 分析，具体结果如图 5-8 所示。图 5-8a ~ d 给出了实验钢在 0.5℃/s 时得到的基体上分布的球形和方形析出粒子及其能谱。从能谱分析上我们可以看出，该类球形析出粒子为 Ti 和 Mo 的复合型碳化物，这与部分研究学者得出的结果一致[162,163]。该类析出粒子的晶体学结构与 NaCl 的相似，晶格常数为 0.433nm。除了球形析出粒子外，在冷速为 0.5℃/s 时我们还观察到了少量尺寸在 10~15nm 之间的立方状析出粒子（图 5-8b）。从图

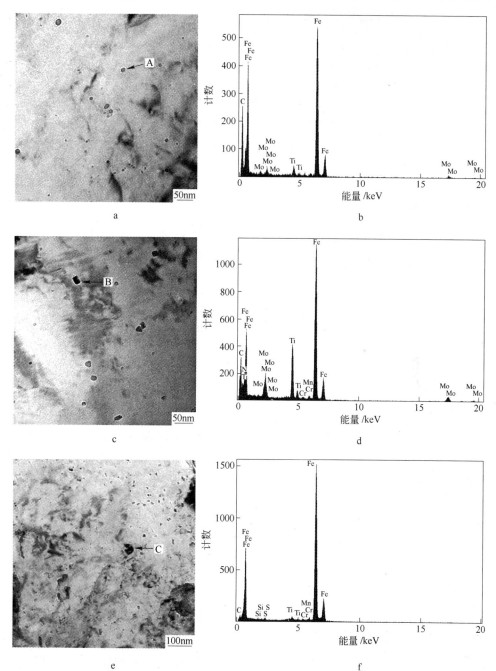

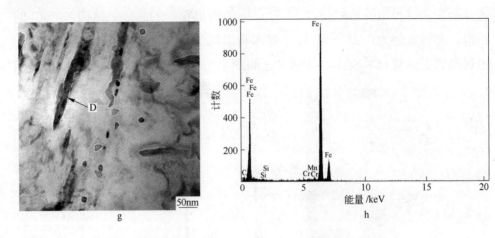

图 5-8　实验钢在不同冷速下的析出物形貌及能谱分析

a～d—0.5℃/s；e，f—2℃/s；g，h—20℃/s

5-8d所示该类析出粒子的能谱分析可以看出，该类析出粒子为 Ti 和 Mo 的复合型碳氮化物。从冷速为 2℃/s 时 TEM 照片中的析出物能谱分析可以看出（图 5-8e、f），该冷速条件下得到的球形析出粒子为含 Ti 的碳化物。由于实验钢在成分设计时还添加了少量的 Cr 元素，因此，在能谱分析中还观察到了少量的 Cr 元素，该发现在 Timokhina 等[164] 的研究工作中也得到了证实。通过对冷速为 20℃/s 时析出物中较大的长条状析出粒子能谱分析（图 5-8g、h）可以看出，该类长条状析出物中主要含 Fe 和 C 元素，是铁碳化合物，该类碳化物应该是实验钢在大冷速冷却后由于自回火现象而形成的 ε 铁碳化合物。

　　对该三种典型冷速下的析出粒子进行统计，单位面积（μm^2）上的析出粒子尺寸分布及密度如图 5-9a 所示。从图中可以看出，当冷速为 0.5℃/s 时，68% 的析出粒子尺寸在 10nm 以下；当冷速增加到 2℃/s 时，98% 的析出粒子尺寸在 10nm 以内；当冷速增加到 20℃/s 时，90% 的析出粒子尺寸在 10nm 以内。显然，较大的冷却速率，有利于提高 10nm 以内析出粒子的比例。冷却速率的变化改变了实验钢中析出粒子的尺寸。

　　从单位面积中析出粒子总数的统计中（图 5-9b）可以看出，当冷速为 0.5℃/s 时，每平方微米析出粒子的总个数为 132 个；当冷却速度增加到 2℃/s 时，每平方微米析出粒子的总个数达到了 340 个；而当冷速达到 20℃/s 时，每平方微米的析出粒子个数仅为 184 个。冷速的改变使实验钢中球形析

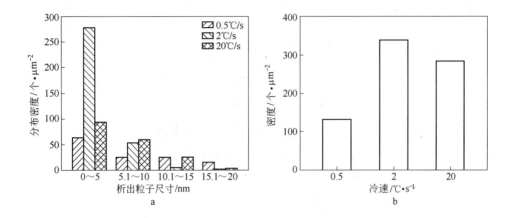

图5-9 实验钢在不同冷速下析出粒子的尺寸分布及单位面积上的密度情况

a—不同冷速下实验钢尺寸分布；b—不同冷速下圆形和立方形沉淀相密度

出粒子的数量发生了显著的变化。

实验钢在连续冷却过程中会同时发生相变和析出，二者的交互作用是一个比较复杂的过程，涉及加热、热变形及冷却等各个阶段。目前，有关该方面的大量的研究主要集中在低碳钢方面，而且析出主要是发生在奥氏体和铁素体的相变过程中。而在本实验中，实验钢的碳含量为中碳（质量分数为0.27%），同时，在20℃/s的较大冷速时我们也观察到了部分球形纳米析出粒子。为此，本部分将结合本实验钢的相变及在各相变阶段的析出行为分别进行讨论。

从实验钢连续冷却相变曲线和不同冷速下的组织变化规律可以看出，当冷速小于2℃/s时，实验钢只发生珠光体和贝氏体相变；随着冷速的增加，实验钢中的贝氏体组织逐渐增多，珠光体组织逐渐减少，直至消失；当冷速增大到5℃/s及以上时，实验钢发生了马氏体相变，随着冷速的增加，得到马氏体的体积分数逐渐增多，直至最终完全转变成马氏体。此外，冷速的增加，还会降低实验钢的相变温度（参见图2-8），增加贝氏体铁素体的形核速度；而冷却前的变形也会加快连续冷却过程中的相变进程[165]。在本实验中，实验钢的加热温度为1250℃，并保温180s，此时实验钢中的微合金元素如Ti等形成的原始碳氮化物几乎完全溶解。在随后的变形和冷却过程中，碳、氮等原子半径较小的元素会因发生短程扩散而与部分微合金元素相结合发生形核并长大，其形核及长大的过程与变形程度、冷却过程均有很大的关系。在本实验中，实验钢的热变形条件均为同一条件，即变形量为40%，变形速率为$1s^{-1}$。较大的热变形为后续碳氮化物的形成提供了足够的能量。在随后的冷却过程中，不同的冷却速率会使实验钢发生不同的相变，从而使得析出也在不同的相变中发生。当冷速为0.5℃/s时，从实验钢的连续冷却转变曲线（图2-8）可以看出，实验钢得到的组织主要是贝氏体铁素体和少量的珠光体组织。由于冷速较小，实验钢在变形后有足够的时间停留在高温区，即奥氏体区间，因此，可以确定实验钢在该冷速条件下的析出主要发生在奥氏体区间。较高的温度和足够的时间为实验钢的析出提供了足够的能量和动力，有利于析出物的发生；此外，由于冷速较小，在高温下停留的时间比较长，碳氮化物发生析出后极易长大，这与实验钢中观察到基体上的析出粒子比较粗大是一致的（图5-7a）。同时，从析出粒子的数量上来看，在冷速为0.5℃/s时，析出粒子数量相对较少，主要是因为当冷速较小时，实验钢能够在奥氏体区间停留较长的时间，由于奥氏体区间的温度较高，虽然此时实验钢中的C、N等原子的扩散能力较强，但是此时大部分的Ti和Mo元素却处于固溶状态，不利于析出物的形核，这也是实验钢在此冷速下观察到的析出物粒子数目较少的原因；另外，较高的奥氏体区温度，使得少量在该区间内的形核以较快的速度长大，这与作者在实验中观察到的在0.5℃/s的冷速时析出粒子尺寸较大的结果是一致的（图5-7a）。

当冷却速率达到2℃/s时，实验钢发生了贝氏体相变（图2-8和图2-9），得到的组织为板条贝氏体组织（图5-5b）。在此冷却速率下，实验钢在高温和中温区均能够停留一定的时间，且停留的时间不是很长。当在高温区短时间停留时，虽然碳、氮等原子的扩散系数较大，扩散速度比较快，但是实验钢的大部分微合金元素还处于固溶状态，因此，高温形成的析出物较少；随着时间的增加，实验钢到达中温转变区，即贝氏体相变区时，在该区间内，实验钢中的大部分微合金元素如Ti等处于过饱和状态，且碳、氮等原子的扩散系数仍然较大，因此在该过程中碳、氮原子极易与实验钢成分中的Ti、Mo等元素相结合，形成碳化物（或碳氮化物）存在于基体中；又由于实验钢在该阶段停留的时间不是很长，因此所形成的碳化物（或碳氮化物）不易长大。该现象与实验中观察到的析出粒子在冷速为2℃/s时数量较多和尺寸较为细小的现象也是一致的（图5-7c）。

当冷却速率增加到20℃/s时（注：以20℃/s的冷速从950℃冷却至室温），较大的冷速使得实验钢完全发生马氏体相变。由于冷速比较大，实验钢在高温和中温区停留的时间均较短，大的过冷度及短时间的停留均不利于碳、氮等原子的扩散，从而抑制了析出物的发生。但在该冷速条件下的TEM照片中我们仍观察到了部分10nm以下的球形析出粒子。结合实验钢的成分体系我们可以发现，实验钢在成分设计时，其碳含量比较高，质量分数达到了0.27%，较高的碳含量使得实验钢在大冷速下无需扩散就可与部分的微合金元素结合，从而形成微小的析出粒子，这也是实验中在20℃/s的较大冷速情况下依旧能观察到部分直径在10nm以下的纳米级析出粒子的原因。

5.3.2 轧后冷却过程中的析出及组织性能控制

为了研究轧后冷却过程给实验钢的析出及组织性能带来的变化，对实验钢进行了轧制后的冷却速率和冷却路径控制，具体工艺示意图见图5-2，实验过程中的具体工艺参数控制见表5-3。

5.3.2.1 组织演变

将不同轧后冷却工艺下的钢板在长度和宽度1/3处切取试样，沿横截面磨制金相样，并用4%硝酸酒精溶液进行腐蚀，观察其显微组织。同时在同处选取透射电镜试样，经电解双喷后，观察实验钢的微观结构和析出物分布情况。图5-10给出了实验钢在四种轧后冷却工艺条件下得到的金相组织。从图中可以看出，实验钢在经两阶段控轧后以工艺Ⅰ～Ⅲ冷却时，所得的组织都是以粒状贝氏体为主，且伴随着一定量的珠光体组织出现，珠光体的体积分数根据三种工艺的差别有所不同。实验钢在经过工艺Ⅰ和工艺Ⅱ后，轧后的超快速冷却使实验钢的奥氏体/铁素体相变发生在更大的过冷度下，从而产生大量铁素体晶核，造成碳和其他合金元素在相变过程中的扩散受到抑制而更容易形成晶格切变控制的贝氏体型铁素体，这种非等轴晶铁素体中存在过饱和的碳和其他合金元素，它们仅在γ/α界面处进行短程扩散而富集在母相奥氏体之中，对提高钢材的强韧性和降低屈强比有一定的好处[166]。比较工艺Ⅰ和工艺Ⅱ我们可以发现，超快速冷却至贝氏体区间之后的冷却工艺对珠光

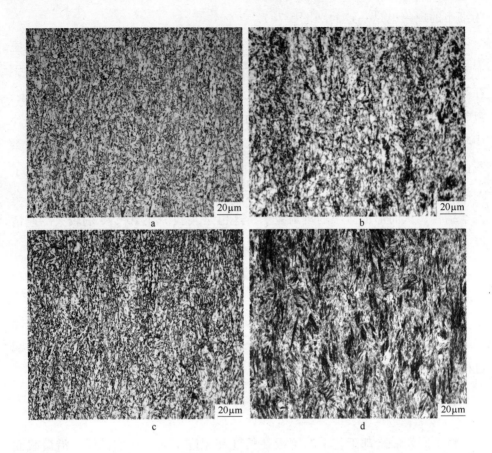

图 5-10 实验钢不同轧后冷却工艺条件下的显微组织

a—UFC + AC；b—UFC + FC；c—ACC + AC；d—DQ

体的形成有着较大的影响，实验钢在超快速冷却后随炉冷却得到的组织中的珠光体体积分数明显较经超快速冷却后空冷至室温的要多。在随炉冷却的过程中，由于冷却速率较慢，实验钢在超快冷终止温度（约 630℃）附近能够停留较长的时间。结合实验钢的连续冷却相变曲线（见第 2 章中图 2-8）可以发现，较长时间的等温停留使实验钢可在珠光体相变区域停留较长的时间，从而有利于珠光体组织的形成。这也是实验钢在炉冷时可观察到较多珠光体组织的原因。

对比工艺 I 和工艺 III 条件下得到的金相组织（图 5-10a 和图 5-10c）可以看出，二者均由细小的粒状贝氏体和少量的珠光体组成，但工艺 III 条件下得到的珠光体在体积分数上略微较多。比较二者的工艺条件可以发现，二者仅仅是在轧后的冷却速率上有所差别。在工艺 I 条件下，由于轧后采用超快速冷却，冷却速率极快，较大的过冷度抑制了珠光体相变的发生，使实验钢直接进入贝氏体相变区；而在工艺 II 条件下时，由于冷却速率较慢，实验钢在冷却过程中会依次发生铁素体、珠光体、贝氏体和马氏体相变，所以在工艺 II 条件下会出现珠光体组织略多的现象。此外，由于实验钢中的碳含量较高，且添加了部分 Cr、Mo、B 等提高淬透性的合金元素，故实验钢的淬透性较高。以工艺 I ~ III 进行冷却时，奥氏体组织易于发生贝氏体相变，这也是实验钢中观察到大量的贝氏体组织的原因。

从图 5-10d 所示实验钢直接淬火得到的组织照片可以看出，直接淬火能够使实验钢得到全马氏体组织，马氏体呈板条状存在。同时，在该照片上我们还可以清晰地观察到被拉长压扁的奥氏体晶界。有研究指出[167]，直接淬火形成的马氏体板条束较为细小，部分马氏体板条发生弯曲并相互交叉，同时马氏体继承了未再结晶控制轧制过程中形成的形变奥氏体亚结构，使马氏体中的位错密度大增。而大量位错集结在一起形成位错团，在马氏体板条间形成了与主板条成一定角度的相对细小的次生板条，从而使得马氏体组织中相应的强韧性控制单元尺寸也随之变小，有利于提高实验钢的强硬度和韧性。

由图 5-11 所示实验钢在四种工艺下的 TEM 照片可以看出，经工艺 I ~ III 后，实验钢中得到大量的 M/A 岛及高密度的位错，该类组织的出现，有利于提高实验钢的强度。在工艺 II 中我们还观察到了部分珠光体组织，珠光体呈片状排列，其片间距在 80 ~ 100nm 之间。在工艺 III 得到的组织中，除了观察到大量的 M/A 岛外，我们还发现了少量的孪晶马氏体组织，孪晶马氏体通常

a

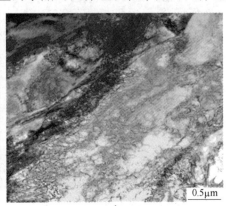

b

图 5-11 实验钢不同工艺条件下的 TEM 组织

a, b—UFC + AC；c, d—UFC + FC；e, f—ACC + AC；g, h—DQ

是在冷却温度足够低和冷速较大时，奥氏体中固溶碳含量增加，相应奥氏体协调变形程度增大而强化，促进奥氏体以后相变时以孪晶方式不均匀切变，从而形成孪晶马氏体[168]。从图 5-11g、h 所示实验钢直接淬火得到的 TEM 组织中可以看出，实验钢在直接淬火后得到的组织为细小的板条马氏体组织，板条之间交错排列，其平均宽度约为 0.132μm。在部分板条内部，我们还发现了少量的球形纳米析出物，关于析出物的类型及分布情况后续部分将做详细分析。

5.3.2.2　析出物分析

钢板在热轧后采取不同的冷却方式冷却，不但能够改变其相结构，而且还能够控制其析出物的情况。在析出物的控制方面，不同的冷却方式能够使实验钢的析出发生在不同的相变阶段，从而对析出物的形态、分布及体积分数带来改变。

图 5-12 给出了实验钢在工艺 I 冷却方式下得到的析出物和分布情况。从图中可以看出，实验钢中得到析出物的位置存在三种形式，即位错线上（图 5-12a、b）、晶界周围（图 5-12c）和基体上（图 5-12d）。各个位置的析出粒子尺寸均非常细小，从析出粒子的直径大小初步估计看，80% 以上位错线和基体上的析出粒子的直径都在 10nm 以内。对观察到的粒子中选取较大的进行能谱分析，如图 5-12e 所示。从能谱上可以看出，该类较大的析出粒子中含有较多的 Ti 和 Mo 元素，是一种 Ti、Mo 复合型碳化物。

实验钢在精轧过程中的塑性变形会产生大量的位错和畸变能，由于应变诱导作用，析出物会优先在位错及变形带等能量较高的位置形成。这主要是由于这些缺陷位置的畸变能较高，微合金元素易于偏聚，并且溶质原子沿位错管道方向的扩散速率比其他方向快，故析出物会优先在这些部位形核并长大[169]。实验钢在经过工艺 I 处理时，轧后的超快速冷却使得实验钢的温度迅速降低，从而使得钢中 C、Ti 的过饱和度随之增大，较大的过饱和度，有利于第二相粒子快速、大量析出。然而，超快冷的终冷温度为 630℃ 左右，温度较低，较低的温度不利于碳、氮等原子的扩散，因此不利于析出物的发生和长大。图 5-12b 给出了实验钢中的碳化物在贝氏体铁素体晶内沿位错线析出情况，由于该类型析出物极其细小，可钉扎位错，阻碍位错运动。当析出物集中在晶界处时（图 5-12c），析出粒子比在位错线上析出时相对较为粗大，也可有效地钉扎晶界，使其难以运动，有利于晶粒的细化，从而可提高实验

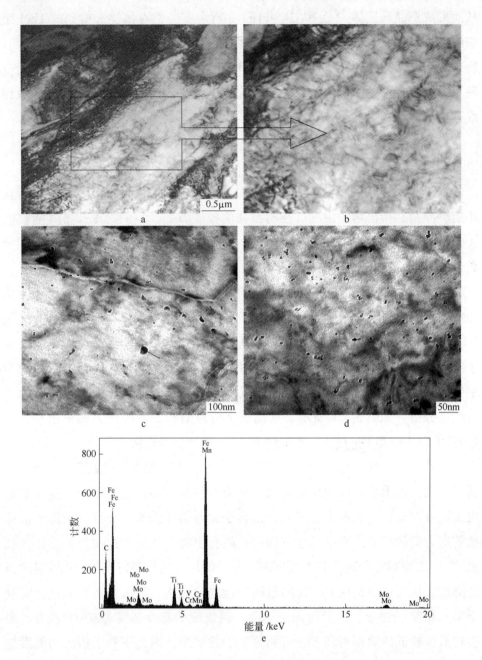

图 5-12   实验钢析出物的形貌及分布

a，b—位错线上的沉淀相；c—晶界处的沉淀相；d—铁素体基体上的沉淀相；e—沉淀相光谱分析

钢的强度和硬度。图 5-12d 为实验钢的析出粒子在晶内基体的分布情况。从图中可以看出，基体上的析出粒子一般呈近似球形或椭球形，尺寸均在 10nm

以下，甚至有部分还小于 5nm，由于析出粒子尺寸非常细小，无法采用能谱对其组成进行分析。该类尺寸细小的球形析出粒子的存在，可以有效地提高实验钢的强度和硬度，而且还不会给韧塑性造成损失。

图 5-13 给出了实验钢在四种不同冷却工艺条件下得到析出粒子的形状、尺寸大小和典型分布情况。从图中可以看出，实验钢在四种冷却工艺条件下均能够得到非常细小的球形析出物，其尺寸大部分都分布在 10nm 以内。比较四种工艺条件下析出粒子的尺寸可以发现，工艺 Ⅰ 得到的析出物最为细小，而工艺 Ⅳ 最为粗大；从析出数量来看，工艺 Ⅰ 和工艺 Ⅲ 得到的数量略多，而工艺 Ⅳ 得到的数量最少。此外，在工艺 Ⅳ 中除了观察到部分尺寸小于 10nm 的球形析出粒子外，还观察到了较多的棒状或长条状的析出物，结合本章有关实验钢在连续冷却过程中的析出行为分析可知，该类析出物为铁碳化物。同

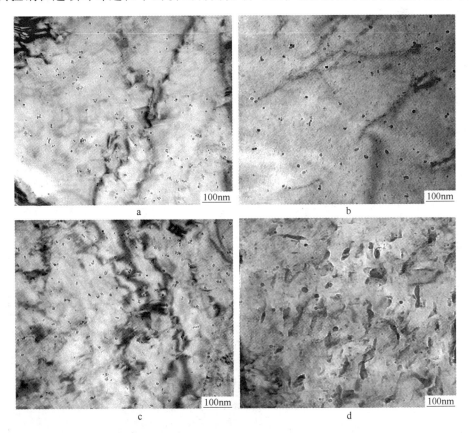

图 5-13　实验钢在不同工艺下析出分析

a—UFC + AC；b—UFC + FC；c—ACC + AC；d—DQ

时，在工艺Ⅳ条件下还观察到部分尺寸在20nm左右的球形析出粒子，作者认为，该类析出粒子是与棒状或长条状析出物相同类型的析出物，只是由于取向和观察角度的不同，而产生不同视觉效果的结果。

针对实验钢的析出物分布情况，对不同工艺下球形析出粒子进行了统计，得到的结果见图5-14。其中图5-14a为利用统计法从不同工艺下得到的TEM图中统计出的每平方微米区域内的析出粒子数量总个数。从图中可以看出，经工艺Ⅰ、Ⅲ后实验钢中得到析出粒子数量最多，而工艺Ⅱ条件下得到的数量略少；在工艺Ⅳ直接淬火的条件下，其析出粒子的数量明显少于其他三种工艺条件。图5-14b给出了实验钢在四种工艺条件下单位面积上析出粒子尺寸的分布情况。从图中可以看出，工艺Ⅰ条件下的组织中5nm以下的析出粒子所占比例明显较多，而工艺Ⅲ条件下大部分析出物尺寸均比工艺Ⅰ的粗大些，但其尺寸也几乎没有超过10nm。在工艺Ⅱ条件下得到析出粒子中，除了观察到大量小于10nm的析出粒子外，还发现了部分尺寸在10~15nm之间的析出粒子。从工艺Ⅳ条件下得到的析出粒子尺寸统计中发现，其尺寸分布较为分明，即其析出粒子尺寸要么在5nm以下，要么在10~20nm的范围内，只有极少量的析出粒子尺寸分布在5~10nm尺寸之间。

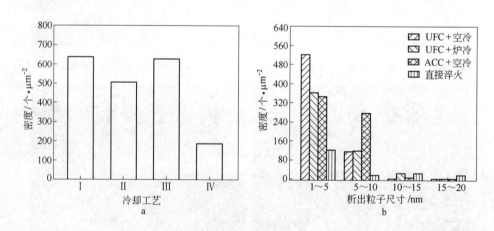

图5-14 不同工艺下实验钢中析出粒子密度的比较

a—单位面积上沉淀相总数；b—沉淀相尺寸分布

在成分一定的情况下，实验钢析出粒子的数量和大小由其工艺参数决定。比较其四种工艺参数可以发现，工艺Ⅰ和工艺Ⅱ均在轧后采用较大的冷速冷却至实验钢的贝氏体相变区间，只是后续冷却工艺有所差异。在工艺Ⅰ条件下，实验钢在超快冷后采取空冷的方式冷却至室温，该方式相对于工艺Ⅱ超快冷后采取炉冷的方式冷却至室温的冷速要大得多，较大的冷速使实验钢的温度迅速降低，从而使得实验钢中的碳、氮等原子的扩散系数也急剧下降，不利于析出物的长大；而超快冷后随炉冷却至室温时，由于冷速极小，实验钢可在较高的温度下停留较长的时间，有利于实验钢中析出粒子的形核和核长大。这也是工艺Ⅱ条件下观察到的析出粒子尺寸大于工艺Ⅰ的原因。

对比工艺Ⅰ和工艺Ⅲ可以发现，二者在轧后冷却至贝氏体区间的冷速有所差别。其中工艺Ⅰ采用了轧后超快速冷却，而工艺Ⅲ采用轧后常规层流冷却的冷却方式。较大的冷速抑制了冷却过程中的形核和核长大，有利于使实验钢得到更细小的析出粒子，这与图5-14中观察到的两种工艺条件下得到的析出粒子分布是一致的。

在工艺Ⅳ采用直接淬火冷却至室温得到的析出粒子中，我们仍然观察到了部分5nm以内和10~20nm之间的析出粒子。分析其原因，作者认为，5nm以内析出粒子的出现，主要是由于实验钢本身含有较多碳元素，较大的冷速虽然抑制了碳元素的扩散过程，但实验钢中本身具有的高的碳含量使得不需扩散就可满足少部分析出所需的碳原子需求，这与实验钢在连续冷却相变中以20℃/s的冷速冷却至室温时仍然能够观察到部分细小的纳米析出粒子的现象是一致的。而观察到的部分10~20nm之间的球形析出粒子，应该是实验钢在直接淬火后自回火时产生的长条状铁碳化物，只是观察的角度不同而已。

5.3.2.3 力学性能

图5-15给出了实验钢在四种不同的冷却工艺条件下得到的力学性能柱状图。从图中可以看出，轧后采取不同的冷却工艺时，实验钢得到的力学性能存在较明显的差异。采取工艺Ⅰ即超快冷后空冷至室温所得到的力学性能与工艺Ⅲ层流冷却后空冷至室温较为接近。主要是因为在实验过程中，钢板的最终轧制厚度规格较薄，为12mm，而在冷却过程中的层流冷却冷速也能达到15℃/s，较大的冷速可使实验钢取得与超快冷（冷速80℃/s）工艺相似的效果。采取工艺Ⅱ即快冷后炉冷至室温所得实验钢屈服强度高于工艺Ⅰ和工艺Ⅲ，这是因为在超快冷终冷至630℃左右后随炉冷却至室温的过程中，炉冷

速率极慢，慢的冷速为 Fe、C 及合金元素的扩散提供了足够的时间，有利于析出的发生，高的屈服强度是其析出强化的结果；在抗拉强度和硬度方面，工艺Ⅱ要比工艺Ⅰ和工艺Ⅲ低，主要是因为实验钢在工艺Ⅱ下的炉冷过程中由于较慢的冷速而发生珠光体相变的结果，珠光体相对于贝氏体是软相，因此，实验钢在该工艺条件下得到的抗拉强度和硬度较低。

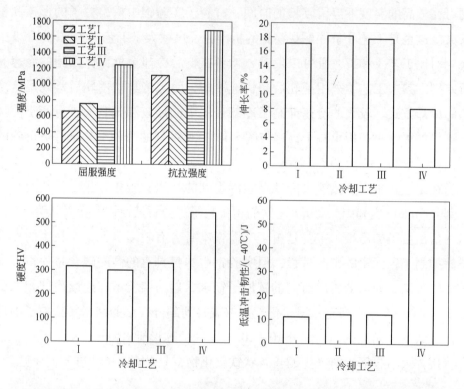

图 5-15　各轧制工艺下实验钢的力学性能

采取工艺Ⅳ即直接淬火所得实验钢强硬度及冲击韧性均达到最大值，其中屈服强度为 1250MPa，抗拉强度为 1700MPa，维氏硬度达到了 545HV，−40℃低温冲击韧性达到了 55J。这是因为淬火后钢板组织为板条马氏体组织，因此能够获得更高的强度和硬度。此外，由于两阶段控轧后直接淬火能够继承大量轧制时得到的高密度位错，促进了马氏体板条细化，有利于韧性的提高。Tamura 等[170]学者认为，直接淬火工艺所产生的形变热处理效果使马氏体板条的取向变得更加多样化，有助于提高韧性。也有研究指出[171]，直接淬火钢中能够保留较多的薄膜状残余奥氏体薄膜，也有利于实验钢韧性的提高。

5.3.3 轧后冷却过程中的析出控制对离线热处理后组织性能的影响

结合本章 5.2.2 节中的轧制及轧后冷却实验，将不同轧后冷却工艺条件下的钢板进行统一热处理，即离线再加热淬火处理实验（工艺依次记为：UFC + AC + RQ、UFC + FC + RQ、ACC + AC + RQ、DQ + RQ，其中 RQ 表示再加热淬火）。淬火过程中，采用的加热温度为 880℃，保温时间为 15min，钢板在保温后淬火冷却至室温，具体的工艺示意图如图 5-3 所示。

5.3.3.1 组织分析

图 5-16 给出了实验钢在不同轧后冷却工艺和离线热处理条件下得到的组织。由于实验钢在成分设计时添加了一定量的 Cr、Mo 等提高淬透性的元素，

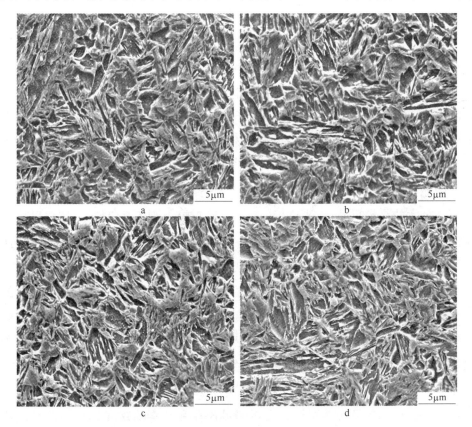

图 5-16 各轧制冷却工艺下实验钢淬火态的显微组织

a—UFC + AC + RQ；b—UFC + FC + RQ；c—ACC + AC + RQ；d—DQ + RQ

淬透性较好，同时，实验钢的轧制厚度为12mm，因此，实验钢在离线热处理条后得到的组织均为单一的马氏体组织。在每个马氏体的结构中存在板条束、板条块和板条三种类型微细结构，同时在各马氏体板条束内部还发现了大量弥散细小的岛状析出物。比较四种工艺条件下的扫描组织还可以发现，各种工艺条件下得到组织中的板条块所占的比例和岛状析出物的数量存在着一定的差异。在板条块所占的比例上，工艺Ⅱ和工艺Ⅲ条件下离线热处理后得到比例略高，而工艺Ⅳ条件下离线热处理后得到的组织中则明显较少；在岛状析出物的数量上，工艺Ⅱ条件下离线热处理后得到的组织中能够明显观察到大量的类似M/A岛的组织，而在其他三种工艺条件下得到的岛状组织则明显较少。从岛状物的尺寸来看，最小的岛状物尺寸只有100nm左右，而最大的岛状物尺寸达到了500nm左右。从其分布情况来看，岛状物主要分布在板条内部和板条界面周围。

　　为了进一步分析四种轧后冷却工艺对实验钢力学性能带来影响的差别，利用苦味酸热侵蚀法显示其原始奥氏体晶界，并用割线法计算奥氏体晶粒尺寸。四种工艺条件下得到实验钢的原始奥氏体晶粒如图5-17所示。从图中可以看出，实验钢在各轧制及冷却工艺下经再加热至880℃奥氏体化后所获得的奥氏体晶粒尺寸非常细小，平均晶粒尺寸在6μm左右。但仔细比较四种工艺下的原始奥氏体晶粒可以发现，工艺Ⅳ得到的原始奥氏体晶粒在晶粒均匀性上明显存在着尺寸大小不一的现象，较大晶粒与较小晶粒尺寸的差别较为明显，最大的晶粒尺寸达到了10μm以上，而较小则不到2μm。晶粒尺寸大小的差异，可能的原因有以下两点：一是热处理前实验钢组织的差异，从而导致了在离线热处理加热过程中碳、氮元素的扩散速度不同，引起晶粒尺寸大小的差异；二是不同的原始组织中存在的纳米析出粒子大小和体积分数的差异，也导致了晶粒尺寸的差异。原始组织中存在析出粒子时，会影响加热过程中的位错和晶界的运动，从而改变其最终晶粒尺寸的大小。当析出粒子数量较多且尺寸较小时，可以更有效地阻碍位错和晶界在加热过程中的迁移，从而有利于晶粒的细化。由5.2.2节我们知道，在四种轧后冷却工艺中，工艺Ⅳ得到的组织是马氏体组织，相对于贝氏体和铁素体珠光体组织，马氏体组织由于具有高密度的位错而在加热的过程中最先发生回复及再结晶。此外，工艺Ⅳ中得到的析出粒子最少，因此其阻碍晶粒长大作用也最小。原始奥氏

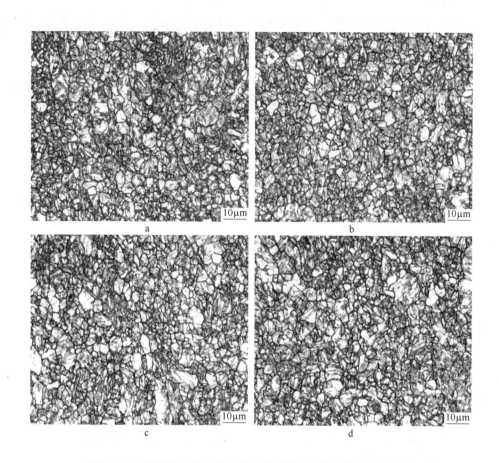

图 5-17　四种轧后冷却工艺条件下离线淬火后的原始奥氏体晶粒

a—UFC + AC + RQ；b—UFC + FC + RQ；c—ACC + AC + RQ；d—DQ + RQ

体晶粒的细化将带来淬火组织马氏体板条束（块）的细化[57,119]。而原始奥氏体晶粒尺寸、马氏体板条束和板条块均是有效晶粒尺寸，板条束（块）界能阻碍裂纹的扩展，降低脆性断裂的程度，因此也会给实验钢的力学性能带来一定的差异。

5.3.3.2　力学性能

图 5-18 给出了实验钢在不同轧后冷却工艺和同一离线热处理后得到的力学性能柱状图。从图 5-18 所示实验钢在不同冷却工艺条件下离线热处理后得到的强度可以看出，热处理前的不同冷却工艺对实验钢抗拉强度影响较小，最高和最低相差仅 40MPa；但对屈服强度影响较大，最高和最低差别达到了

170MPa。在抗拉强度方面，工艺Ⅰ和工艺Ⅲ差别不大，均略低于工艺Ⅱ，而工艺Ⅳ得到的抗拉强度则最低；在屈服强度方面，工艺Ⅱ得到的最大，工艺Ⅰ次之，工艺Ⅳ得到的屈服强度最小；在伸长率方面，工艺Ⅰ得到的最高，工艺Ⅲ得到的次之，而工艺Ⅱ得到的最低；在硬度方面，工艺Ⅳ得到的最高，工艺Ⅱ次之，工艺Ⅲ得到的最低；在低温冲击韧性方面，工艺Ⅰ得到的最高，工艺Ⅲ次之，工艺Ⅳ得到的最低。

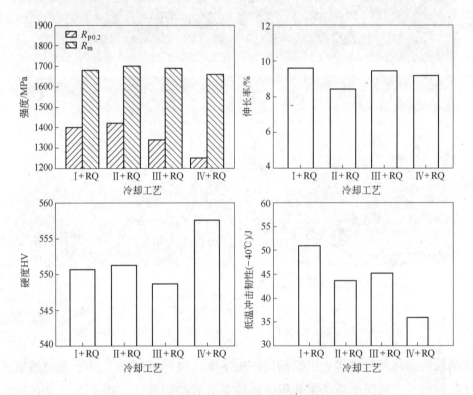

图5-18 四种轧后冷却工艺下的实验钢淬火态的力学性能

通过上述分析可知，热处理前不同的轧后冷却工艺对实验钢的力学性能影响明显，为了探究其原因，有必要对实验钢的微细结构及析出物进行分析。

5.3.3.3 微细结构及析出物分析

图5-19给出了实验钢在工艺Ⅰ条件下离线淬火后得到的TEM组织。从图中可以看出，实验钢中的马氏体为典型的板条状，在板条间含有高密度位错，同时板条间还存在着较多的亚结构。从图5-19a、d中可以看出，实验钢的板

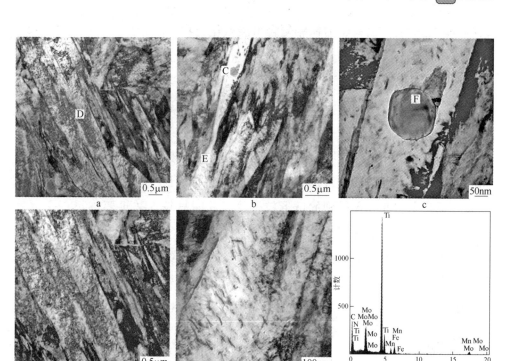

图 5-19　工艺 I 条件下实验钢淬火态的 TEM 照片

a，b—马氏体中的板条；c，d，e—a 和 b 的电子显微放大图；f—F 点的 EDS 分析

条在晶内呈相互平行或交割排列，形成板条块（block）。在图 5-19e 中，我们还观察到了部分针状或棒状的析出物，该类析出物的长度为 50～100nm，宽度约为 10nm，与板条界构成约为 60°的夹角，空间形状为片状，与基体呈共格关系，通常会在特定的惯习面上析出。通常情况下，该类长条状析出物是在回火过程中发生的，该现象的出现，说明实验钢在淬火后发生了自回火现象。部分研究资料表明，该类析出物为 ε 碳化物，即 $Fe_{2.4}C$。在图 5-19e 中，还观察到了较多的尺寸小于 10nm 的球形析出物，该类析出物在板条内呈均匀弥散分布，对阻碍奥氏体晶粒长大及基体的沉淀强化有一定的作用，其形成机制将在下文进行深入分析。在图 5-19b、c 中，还观察到一种较大的球形析出粒子；该类析出物分布在马氏体板条的基体上，其直径约为 170nm。通过对该类较大球形析出物的能谱分析（图 5-19f）可知，该类析出粒子由以下元素构成（原子分数）：39.11% Ti、3.35% Mo、14.42% N 和 36.85% C，因

此可以确定该类析出粒子为钛钼复合型碳氮化合物。

对四种工艺下典型的析出粒子分布进行 TEM 对比分析，结果如图 5-20 所示。从图中可以看出，实验钢在四种不同冷却工艺条件下进行离线热处理后均能够观察到大量球形和长条形纳米析出粒子同时存在的现象，但在纳米析出粒子的数量和形态上存在着较大的差异。工艺 II 条件下离线热处理后得到的球形析出粒子在数量上明显较其他三种工艺的要多，工艺 I 和工艺 III 次之，而工艺 IV 条件下离线热处理后得到的球形析出粒子最少。在球形粒子的尺寸方面，工艺 I、II 和 IV 得到的球形粒子的尺寸明显较工艺 III 要细小。这主要是由于工艺 I、II 和 IV 三种工艺在轧后均采取了较大的冷速冷却，大的过冷度阻止了析出物的长大。而在工艺 IV 直接淬火并离线热处理照片中我们仍然能够观察到部分尺寸极小和少量的尺寸较大的球形粒子，其中细小的球形粒

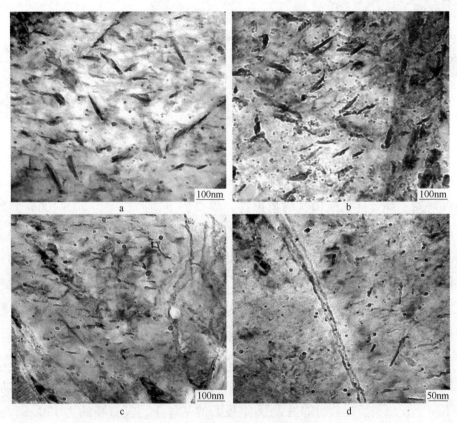

图 5-20　热处理后的析出物分布

a—UFC + AC + RQ；b—UFC + FC + RQ；c—ACC + AC + RQ；d—DQ + RQ

子主要是直接淬火和离线热处理时加热过程中得到的，而较大的析出粒子应该是部分铁碳化物，由于取向的不同，在不同的观察方向产生球形的视觉效果。

由于实验钢的离线热处理是在同等工艺条件下进行的，因此，析出粒子尺寸和数量的差异与热处理前的工艺是密切相关的。在离线热处理前的四种轧后冷却工艺中，工艺Ⅰ和工艺Ⅱ均在轧后进行了一定时间的超快速冷却，冷速达到了80℃/s，较大的冷速抑制了碳、氮等原子在钢中的扩散，从而不利于碳氮化合物在冷却过程中的形核和核长大。而实验钢在工艺Ⅰ和工艺Ⅱ中超快冷的终冷温度为600～650℃之间的贝氏体区间，超快冷之后分别采取了空冷和炉冷工艺，空冷冷速较快，而炉冷冷速则非常慢。空冷和炉冷之前的超快速冷却工艺抑制了碳氮化合物的发生，从而使析出的发生保留到超快冷之后的空冷和炉冷时发生。炉冷使得实验钢在600℃左右的高温下停留的时间较长，较高温度的长时间停留，有利于析出物的形核和核长大，这与我们观察到的实验钢在经过超快冷后炉冷至室温得到的球形析出粒子数量多于空冷的结果是一致的。

利用统计法，对四种不同轧制冷却工艺下离线淬火态球形析出粒子数量进行统计分析，得到的结果如图5-21所示。从图5-21a所示实验钢单位面积内的析出粒子总个数可以看出，工艺Ⅱ条件下离线热处理后得到的析出粒子明显多于工艺Ⅰ、Ⅲ、Ⅳ。其中工艺Ⅱ条件下离线热处理后每平方微米的析出粒子达到了632个，而工艺Ⅳ条件下离线热处理后每平方微米的析出粒子数量仅为224个。从图5-21b所示析出粒子尺寸分布上可以看出，四种工艺条件下95%以上的球形析出粒子尺寸分布均在10nm以下。其中工艺Ⅰ、Ⅱ和Ⅳ的球形析出粒子主要分布在5nm以内，所占比例达到了70%以上；而工艺Ⅲ在5nm以内的析出粒子约为50%。关于析出粒子数量和尺寸大小存在差异的原因，我们将在后面章节中做详细的分析。

5.3.3.4 热轧态析出物与热处理态析出物的对比

由上述分析可知，实验钢在进行离线热处理后仍然能够观察到大量的球形纳米析出粒子，而在5.3.2节的分析中我们看到，实验钢在轧制态时同样观察到了大量的球形析出粒子，为了分析实验钢在热轧态和热处理态析出粒

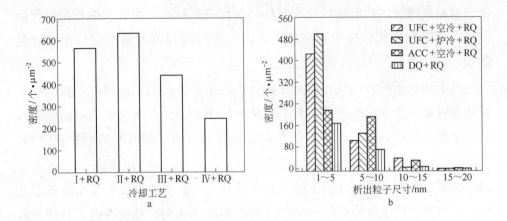

图 5-21 不同工艺下实验钢淬火态的析出粒子密度的比较

a—沉淀相总数；b—不同尺寸沉淀相数量

子的差异，对实验钢热轧态和热处理态得到的典型析出粒子的 TEM 照片进行了对比，见图 5-22。

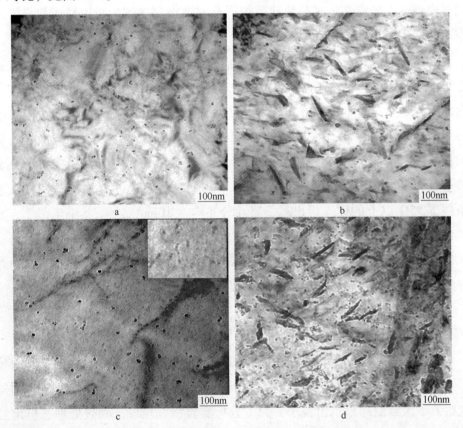

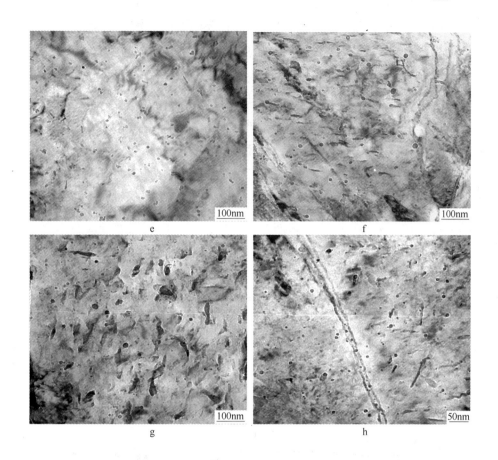

图 5-22　实验钢在热轧态和淬火态工艺下得到的析出物情况对比

a—UFC + AC；b—UFC + AC + RQ；c—UFC + FC；d—UFC + FC + RQ；e—ACC + AC；

f—ACC + AC + RQ；g—DQ；h—DQ + RQ

图 5-22a 和图 5-22b 分别为实验钢在工艺 I 条件下热轧态及轧后离线淬火态的析出分布情况。通过二者的比较可以看出，实验钢在热轧态及热处理态下均存在较多的球形纳米析出物，在球形纳米析出物的尺寸上，热处理态析出粒子中明显存在部分直径较大的粒子；除了球形析出粒子外，离线热处理态的 TEM 照片中还存在大量的长条状析出粒子，其长度在 50 ~ 150nm 之间，宽度约为 10nm。长条状析出粒子的出现，是由于实验钢在淬火后，因自回火产生的铁碳化合物。

图 5-22c 和图 5-22d 给出了实验钢在工艺 II 条件下热轧态和离线热处理态得到的析出物情况对比。从图中可以看出，在热轧态时，实验钢中除了存在

较多的 10~15nm 之间的纳米析出粒子外，还隐约能够观察到大量的 1~5nm 之间的纳米析出粒子（见图 5-22c 中的放大所示）。在离线热处理后，该类极小的析出粒子出现明显的熟化长大，从而形成较多的稍大粒子，该类球形析出物与淬火后因自回火形成的长条状铁碳化合物共同存在于实验钢的基体中。通过对比二者还可以发现，在离线热处理后，细小的球形析出粒子在数量上有明显增多和尺寸上有长大的迹象，说明离线热处理过程促进了析出物的发生和长大。

图 5-22e 和图 5-22f 给出了实验钢在工艺Ⅲ条件下热轧态和离线热处理态得到的析出物的对比情况。与上面分析一样，实验钢的热处理过程有利于促进析出物的发生和长大，离线热处理过程还伴随着大量的长条状铁碳化合物的析出。图 5-22g 和图 5-22h 为实验钢在工艺Ⅳ即直接淬火和直接淬火后再离线淬火得到的析出物分布情况。与工艺Ⅰ和工艺Ⅲ得到的析出物分布情况相比，无论是热轧态还是离线热处理态，实验钢中的析出粒子数量均有明显的减少现象，尤其是在热轧态时，实验钢中的析出粒子数量减少尤为显著。而在热处理态时，实验钢中观察到了热轧态没有观察到的尺寸在 10nm 以内的球形析出粒子，该现象的发生，再一次说明了离线热处理的过程也会发生析出物的形核和核长大。

5.3.4 热处理过程中的析出及组织性能控制

通常情况下，热处理分为在线热处理和离线热处理两部分。通过热处理，可以改变钢铁材料内部的组织结构及第二相类型、数量和分布等，从而达到改善钢材性能的目的。从本章的引言部分可知，本部分研究的目标是得到"板条马氏体强韧性基体 + 纳米级 TiC（或(Ti, Mo)C）硬质颗粒"组织，而离线热处理过程中的淬火是获取马氏体组织的最简单也是最有效的方法之一。同时，淬火获得的组织会因具有较高的内应力而无法直接使用，通常需要回火来进一步改善性能。为此，在本节中，我们将对实验钢在离线热处理时的淬火和回火过程中的组织、性能及析出物的变化进行探讨。

5.3.4.1 淬火过程中的析出及组织性能控制

实验钢在淬火过程中，除了会得到强化组织马氏体外，还会同时伴随着部分析出物的形核和核长大，而且还会使轧制及轧后冷却过程中得到的析出粒子出现粗化长大甚至溶解。因此，有必要对淬火工艺过程进行深入研究。

在本部分实验中，淬火实验方案按本章 5.1.2.4 节所设计的方案进行。即将实验钢以一定的加热速率加热到 1250℃，保温 2h，然后经两阶段控轧后超快速冷却至约 630℃ 的温度，随后空冷至室温，得到 12mm 厚热轧态钢板，将热轧态钢板加热至 840～920℃ 之间的范围内淬火冷却至室温。从本书第 2 章中得到实验钢的 A_{c3} 相变温度和 CCT 曲线可知，该淬火温度区间均在实验钢的 A_{c3} 温度以上，即淬火时的加热温度使实验钢完全奥氏体化。淬火时，每 20℃ 选定一个实验温度，以研究分析淬火加热过程对实验钢组织性能的影响。结合实验钢板的厚度，在淬火过程中的保温时间统一采取为 15min。

图 5-23 给出了实验钢在 840℃、880℃ 和 920℃ 三种典型淬火温度下淬火时得到的显微组织。从图中可以看出，实验钢在 840～920℃ 淬火后得到的显微组织均为马氏体，由于马氏体组织极为细小，从光学组织中很难分辨出它的形态特征（图 5-23a、c、e），为此，对实验钢的组织进行了 SEM 观察，见图 5-23b、d、f。从对应的扫描组织中，我们可清晰辨别出马氏体呈典型的板条状分布，在每个马氏体间同时存在多个板条束和板条块，在板条块上还观察到了较多的岛状析出物。由于实验钢在成分设计时添加了较多的细化晶粒元素 Ti，同时在轧制过程中采用了控制轧制和控制冷却工艺制度，且在离线热处理时的奥氏体化温度不是很高，因此，在再加热时，实验钢能够形成非常细小的奥氏体晶粒，而细小的奥氏体在随后的淬火过程中会转变成细小的马氏体组织。从扫描照片上我们还可以看出，随着淬火温度的升高，实验钢中板条块的数量有减少和尺寸有增大的迹象，而在板条束的尺寸上，则出现了明显的长大现象。此外，随着淬火温度的升高，板条束中的部分板条上也出现了较多的岛状物。部分研究表明[57]，在中低碳马氏体钢中，板条块的宽度是强度的"有效晶粒尺寸"，板条束是韧性的"有效晶粒尺寸"，屈服强度与原始奥氏体晶粒尺寸、板条束尺寸和板条块宽度之间都符合 Hall-Petch 关系。在本实验中，淬火温度的升高，增加了板条束和板条块的尺寸，因此，会对强度和韧性带来不利影响。

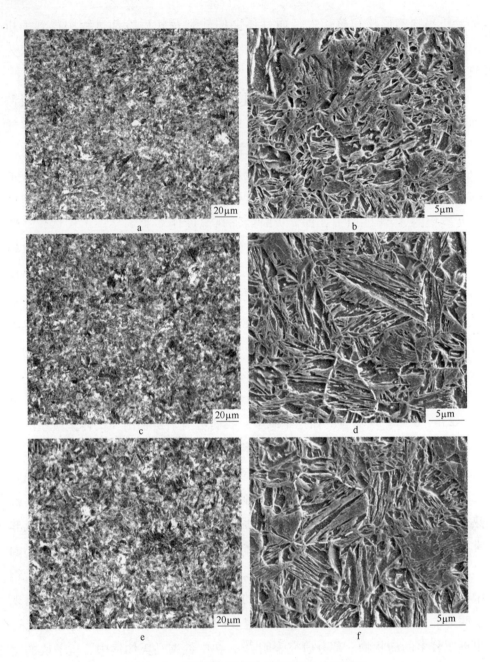

图 5-23 实验钢在不同淬火温度下的显微组织

a, b—840℃；c, d—880℃；e, f—920℃；a, c, e—OM；b, d, f—SEM

图 5-24 给出了实验钢在不同淬火温度下得到的原始奥氏体晶粒情况。从图中可以看出，实验钢在 840℃淬火得到的平均原始奥氏体晶粒尺寸最小，

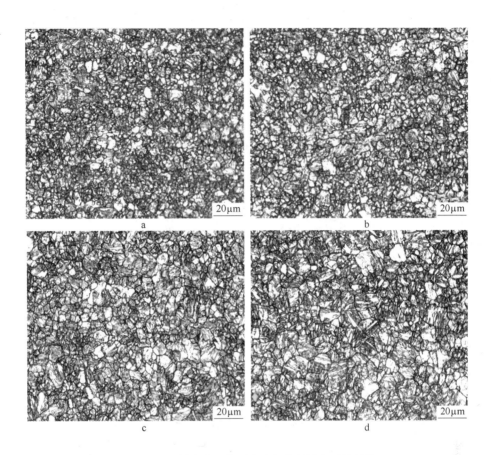

图 5-24　不同淬火温度下实验钢的原始奥氏体晶粒
a—840℃；b—860℃；c—880℃；d—920℃

大量的原始奥氏体晶粒尺寸分布在 2~4μm 的范围内，但同时也观察到了部分 6~8μm 的原始奥氏体晶粒。随着淬火温度的上升，达到 860℃时，原始奥氏体晶粒尺寸出现了一定的长大，4μm 以内的晶粒有所减少，而 6~8μm 的原始奥氏体晶粒出现增多的现象。当淬火温度升高到 880℃时，4μm 以内的晶粒进一步减少，而 6~8μm 的原始奥氏体晶粒进一步增多，同时还发现了部分 10μm 以上的原始奥氏体晶粒；当淬火温度达到 920℃时，原始奥氏体晶粒尺寸出现较为显著的粗化长大，观察到了较多的 10μm 以上的原始奥氏体晶粒，但在部分较大的原始奥氏体晶粒周围仍然能够观察到少量的 4μm 以内的原始奥氏体晶粒。在晶粒的均匀性方面，实验钢在 840℃与 860℃淬火时得到的晶粒尺寸表现出大小不一的现象，存在部分较大和极小晶粒同时存在的现象。在 880℃淬火时，实验钢中马氏体组织的均匀性得到了较为显著的改善。当淬火温度上升到 920℃时，实验钢中马氏体晶粒的长大更加明显，且部分出现了粗化的现象。

采用直线截点法统计测量各工艺参数下奥氏体晶粒尺寸，并绘制晶粒尺寸与淬火温度的关系曲线，如图 5-25 所示。从图中可以看出，加热温度对原始奥氏体晶粒尺寸的影响较大。在加热温度较低，如 860℃以下时，实验钢的平均原始奥氏体晶粒尺寸较为细小，约为 4μm。原始奥氏体晶粒尺寸的细化，会使得淬火后的转变产物马氏体板条束和板条块尺寸随之减小，该现象从图 5-23 所示扫描组织中也可以观察到。此外，原始奥氏体晶粒尺寸的减小，还会使晶界及亚晶界面积增加，有利于提高实验钢的韧塑性能。随着加热温度的升高，原始奥氏体晶粒尺寸逐渐增大，当温度超过 860℃时，晶粒尺寸长大趋势尤为明显。一方面主要是由于当淬火温度超过 860℃时，随着加热温度的升高，实验钢中的 C、N 等元素的扩散能力增强，钢中大量位于晶界周围的位错密度降低，从而使得部分原始奥氏体晶粒出现长大和合并的现象；另一方面，随着淬火温度的升高，轧制及轧后冷却时控制得到的微合金纳米析出物也逐渐出现长大或溶解的现象，析出物的长大使得晶界处的钉扎作用减弱，也有利于原始奥氏体晶粒尺寸的长大。结合图 5-24 和图 5-25 我们还可以发现，当淬火温度超过 900℃时，实验钢中的晶粒出现了部分超过 10μm 的原始奥氏体晶粒情况，分析其原因，可能是由于部分微合金纳米析出物的长大，导致其钉扎原始奥氏体晶界的作用减弱或失效所致。

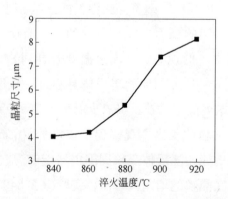

图 5-25　淬火温度对实验钢原始奥氏体晶粒尺寸的影响

实验钢在不同淬火加热温度下得到的力学性能随淬火温度的变化如图5-26所示。从图中可以看出,在不同的温度区间内抗拉强度和硬度随温度升高呈现出两种趋势,即在840~880℃范围内强度和硬度随淬火温度的升高而增加;随着淬火温度进一步升高,实验钢的抗拉强度和硬度均出现降低现象。而在屈服强度上,实验钢则是随着淬火温度的升高一直呈现出下降的趋势。在低温冲击韧性上,随着淬火温度的升高,实验钢表现出先略微增加随后一直下降的趋势。伸长率随淬火温度的变化不是很明显,当淬火温度在840~920℃之间变化时,其值在9%~11%的范围内波动。

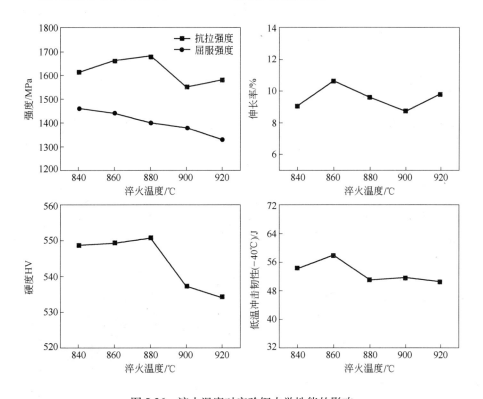

图 5-26 淬火温度对实验钢力学性能的影响

淬火过程中加热温度的变化影响着奥氏体晶粒尺寸和合金元素在钢中的溶解度和分布状态[172],从而改变钢的淬透性和相变后的马氏体微细结构,给实验钢的力学性能造成影响。随着淬火温度的升高,实验钢中的奥氏体晶粒出现长大和粗化现象,从而使得淬火后得到的马氏体中板条束组织也相应的粗大。在马氏体钢中,板条束是韧性的最小控制单元,其尺寸的增加会导致韧性下降。这与实验中观察到的随着淬火温度的升高韧性出现下降趋势是一致的。此外，随着淬火温度的升高，实验钢在轧制及轧后冷却过程中控制得到的纳米级微合金析出物会出现长大粗化甚至是溶解的现象。该现象的出现，会降低实验钢中析出强化的效果，对钢的强度起到不利的作用；同时，析出物的粗化甚至是溶解，使其对晶界的钉扎阻碍作用减弱，也不利于实验钢韧塑性能的提高。这与实验中得到的屈服强度和低温冲击韧性随淬火温度的升高均呈现出降低的现象是一致的。

通过前面的章节分析可知，耐磨钢的断裂韧性对于磨损性能来说也具有非常重要的意义，在此，对实验钢在880℃淬火后−40℃冲击时得到断口进行分析，结果如图5-27所示。通常情况下，冲击断口除了切口底部的断裂源外，一般由纤维区、放射区和剪切唇三部分组成，断口上三个区域所占比例大小，标志着材料韧性的优劣。有文献表明[173]，利用示波冲击试验机显示放

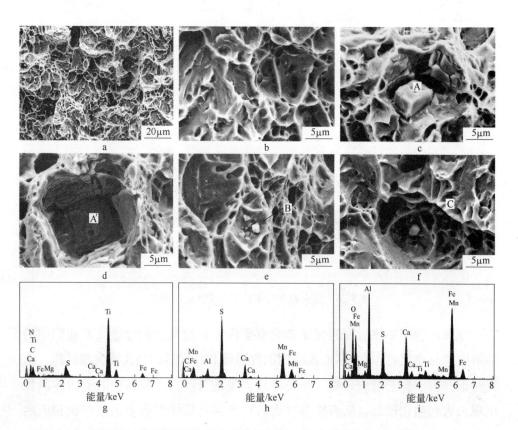

图5-27 实验钢880℃淬火态的冲击断口SEM形貌及夹杂物能谱

射区部分的脆断过程所消耗的能量非常小，裂纹扩展功主要消耗在经塑性变形而形成的纤维断口上，故在实验条件一致的情况下，纤维区和剪切唇越大则材料的韧性越好。由图 5-27a 和 b 可知，实验钢的断口是由起始形成的大而深的韧窝和撕裂后期形成于大韧窝棱边上的小而浅的韧窝构成的，这种断口形貌标志着实验钢具有良好的韧性。局部则呈现准解理断裂，解理面的尺寸约与原始奥氏体晶粒相当。在韧窝断面能发现每个大韧窝基本与一个夹杂物或几个夹杂物聚集在一起相对应。在图 5-27c 中还观察到尺寸在 $4 \sim 7\mu m$ 的方形夹杂物，经图 5-27g 所示能谱分析可知，其主要有 Ti 和 N 元素组织，可认为是 TiN 粒子。粗大的 TiN 粒子的出现，会造成局部应力集中，成为冲击过程中微裂纹形核源，从而会降低冲击韧性。在图 5-27d 中还发现了少量因粗大的 TiN 或 Ti(C,N) 脱落而留下的凹槽。在图 5-28e 中，我们还观察到部分尺寸在 $2 \sim 3\mu m$ 的近似球形夹杂物，由图 5-27h 所示能谱分析可知，该类球形夹杂物主要由 Mn 元素和 S 元素组成，应该是硫化锰夹杂物；根据图5-27i所示能谱分析图 5-27f 中球形夹杂物可知，该类球形粒子含有大量的 Al 和 O 元素，是含铝的氧化物。这些夹杂物的存在，都会降低材料的韧塑性能。因此，该类钢在冶炼和后续工艺控制时，对其氮化物、硫化物及氧化物等夹杂物的控制，应当引起足够的重视。

5.3.4.2　回火过程中的析出及组织性能控制

中低碳钢淬火后获得淬火马氏体（板条状），还会存在少量残余奥氏体。当回火温度不同时，将会发生马氏体的分解、碳原子的重新分布、残余奥氏体的转变、碳化物的析出及再分配等过程。而在回火工艺参数中，回火温度是决定实验钢组织性能最重要的因素，而对于低合金马氏体耐磨钢而言，为了保证其具有较高强硬度及耐磨性，通常采用较低温度范围内的低温回火。实验中，回火工艺所采用的实验材料为上述880℃淬火态钢板，选择三个回火温度进行实验，即180℃、220℃和250℃，根据实验钢的厚度，回火保温时间统一采用36min。

图 5-28 给出了实验钢在不同温度回火后得到的显微组织。为了便于观察，同样做了金相和扫描两种方式的分析。从图中可以看出，实验钢在180～250℃之间回火时，得到的显微组织与淬火态差别不大，均由细小的马氏体组

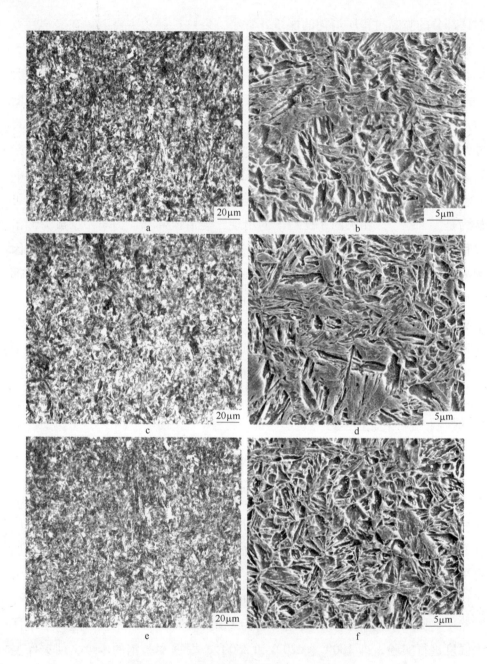

图 5-28 不同回火温度下实验钢的显微组织

a, d—180℃；b, e—220℃；c, f—250℃；a, c, e—OM；b, d, f—SEM

成。从各回火温度下对应的扫描照片中可以看出，实验钢的微观结构如马氏体的板条束、板条块及板条随回火温度的改变出现了少量变化。当回火温度在 180～220℃之间时，实验钢中基本保留了淬火态得到的板条马氏体的清晰形貌（图 5-28d、e）。由于回火温度极低，仅从光学显微组织很难看出其较大的差别。当回火温度达到 250℃时，实验钢的板条块、板条束和原始奥氏体晶界上出现了较多的岛状的析出物，同时，在板条之间也发生了部分合并现象。板条之间的合并，使得板条束尺寸增大，从而会对韧性带来不利影响。岛状析出物的出现，主要是由于随着回火温度的升高，钢中的元素发生短程扩散与部分 Fe 原子相结合形成的铁碳化合物的结果。该类铁碳化合物在形成的初期，会对钢的强度和硬度带来有利的影响，但随着其进一步的粗化长大，会给实验钢的韧性带来较大的危害。

淬火钢在低温回火后，其内部微细结构的改变，也会给力学性能带来变化。实验钢在不同回火温度下力学性能的变化规律如图 5-29 所示。从图中可以看出，实验钢在淬火态时，具有较高的抗拉强度和低温冲击韧性，在回火时，随着回火温度的升高，二者均出现降低现象；而在屈服强度上，随着回火温度的升高，其表现出略有增加的趋势；从实验钢的硬度随回火温度的变

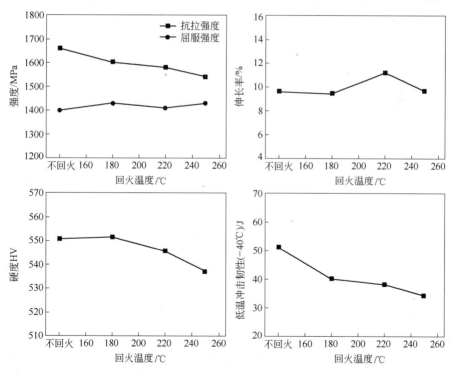

图 5-29　回火温度对实验钢力学性能的影响

化曲线我们可以看出，随着回火温度的升高，硬度表现出先略有增加然后一直下降的变化规律；在伸长率上，回火温度的升高对伸长率的影响不是很明显，其值一直在10%左右波动。

钢中马氏体的最主要特征是具有高硬度和高强度，其中马氏体的高硬度主要来自过饱和碳的固溶强化效应。由于淬火态马氏体中固溶的碳原子处于过饱和状态，在热力学上表现为不稳定状态，在回火时，碳原子的活动能力会加强，随着回火温度的升高，碳原子不断发生扩散，扩散的碳原子将与基体中的铁原子相结合以铁碳化物形式存在。虽然过渡碳化物可产生一定的硬化效果，但随着回火温度的升高，其沉淀硬化作用逐渐小于固溶强化的效果。因此，随着回火温度的升高，硬度出现先略有增加然后一直降低的现象。而随着回火温度的升高，韧性表现出一直下降的现象，该类现象通常称为回火脆性。回火脆性分为两类，第一类回火脆性是在低温回火时（250~400℃），由于残余奥氏体的分解、板条间析出碳化物或者杂质偏聚所致；第二类回火脆性即高温回火脆性的根本影响因素是合金成分，如 Mn、Cr、Si 等致脆元素，这类元素的致脆作用有磷、硫等杂质存在时才能表现出来。结合实验钢的回火温度可以发现，实验钢均在较低的温度下回火，属于第一类回火脆性，此时残余奥氏体分解，板条间析出了大量的渗碳体，降低了实验钢的低温冲击韧性。

5.3.5 三体冲击磨料磨损行为研究

5.3.5.1 轧后冷却过程的析出控制对离线热处理后磨损性能的影响

对在四种不同的轧后冷却工艺和同种离线热处理工艺条件下得到的实验钢进行三体冲击磨料磨损实验，实验方案见本章 5.2.2.5 节。表 5-4 给出了实验钢在进行三体冲击磨料磨损过程中每隔 30min 称量得到的磨损失重情况。从表中可以看出，实验钢采用四种不同的轧后冷却工艺和同一热处理工艺制度下得到磨损失重表现出较大的差异。其中工艺Ⅰ~Ⅲ条件下离线热处理后的磨损失重差别较小，但是工艺Ⅳ冷却条件下离线热处理后得到实验钢的磨损失重明显较前三种工艺条件下要高得多。在工艺Ⅰ~Ⅲ条件下离线热处理后的磨损失重中，工艺Ⅱ条件下离线热处理后得到的失重最小，其次是工艺

Ⅰ和工艺Ⅲ离线热处理后的实验钢。

表 5-4　不同轧制及冷却工艺下实验钢淬火态磨损实验结果

工艺编号	30min 磨损失重/g	60min 磨损失重/g	90min 磨损失重/g	120min 磨损失重/g
Ⅰ + RQ	0.11823	0.23600	0.39225	0.54345
Ⅱ + RQ	0.12049	0.22240	0.37882	0.53717
Ⅲ + RQ	0.12202	0.23777	0.39937	0.54963
Ⅳ + RQ	0.13543	0.27695	0.45811	0.62534

　　将四种不同工艺条件下所得的实验钢在磨损试验机上磨损 120min 的磨损失重绘制成柱状图，如图 5-30 所示。从图中可以看出，实验钢的磨损失重与热处理前的状态有着较为密切的关系，其中工艺Ⅱ条件下离线热处理后得到的磨损失重最小，其次是工艺Ⅰ和工艺Ⅲ，而工艺Ⅳ条件下离线热处理后的磨损失重则远高于其他三种工艺条件。

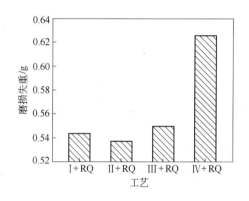

图 5-30　不同轧后冷却工艺下热处理后的磨损失重

　　比较四种工艺条件，并结合本章 5.3.2 节和 5.3.3 节的分析可以得知，离线热处理前实验钢中组织形态控制对实验钢离线热处理后的三体冲击磨料磨损性能具有较大的影响。在本实验中，热处理前对实验钢采取四种不同的冷却工艺控制，从而得到不同尺寸、数量和分布的析出粒子，并通过离线热处理过程的控制，使析出粒子不发生或尽量少发生长大和溶解，以此来研究析出粒子对实验钢耐磨性能的影响。从实验钢在磨损过程中表现出来的实验结果可以看出，在工艺Ⅱ条件下离线热处理后得到的纳米析出物的数量要多于其他的几种工艺，因此，工艺Ⅱ条件下离线热处理后的实验钢表现出了最高的耐磨性能；而在采用工艺Ⅳ时，由于轧后采用直接淬火至室温，较大的直接淬火冷速抑制了部分析出物的形核，不利于析出物的发生，因此，该工艺条件下离线热处理后得到的析出物数量最少，仅为工艺Ⅱ条件下热处理后的三分之一（见图5-21），此时，该工艺条件下得到的磨损失重最大，即耐磨性最低。此现象也进一步证明，增加实验钢中的析出物数量，有利于提高其耐磨性能。关于析出物增强耐磨性的机理，将在下节中作重点分析和阐述。

此外，材料磨损面硬度的高低也是决定耐磨钢耐磨性能的一个重要因素。较高的磨损表面硬度可以抵御磨料的压入变形，阻止磨粒的压入，从而提高材料的耐磨性能。在此，对实验钢在不同工艺条件下磨损前后的硬度值进行了对比分析，结果见表5-5。

表5-5 不同工艺下实验钢试样磨损前后硬度变化

工艺编号	磨损前硬度 HV	磨损后硬度 HV	硬度增量 HV
Ⅰ + RQ	550.7	614.4	63.7
Ⅱ + RQ	551.3	622.0	70.7
Ⅲ + RQ	548.7	618.7	70.0
Ⅳ + RQ	557.6	627.3	69.7

从上述结果可以看出，实验钢在磨损后其近磨损面的硬度均有不同程度的增加，其维氏硬度的增量在 60 ~ 70HV 之间。这是由于在低冲击载荷下的磨损过程中，磨损试样会产生不同程度的塑性变形，从而使得实验钢中的晶粒发生滑移和部分位错出现缠结现象，即加工硬化现象。晶粒的拉长、破碎和纤维化，导致了硬度的升高。此外，实验钢在淬火时，由于部分奥氏体未转变成马氏体而保留下来，在遭受带冲击的三体磨损过程中，保留下来的残余奥氏体组织转变成马氏体，也会导致硬度的增加。因此，随着磨损过程的进行，实验钢因表面硬度升高会使磨损失重减少，从而使得耐磨性能得到提高。

为了研究试验中所得到的各种析出物条件下的实验钢磨损机理，对实验钢在各工艺条件下磨损 120min 后的磨损面进行形貌分析，结果如图5-31所示。从图中可以看出，实验钢在不同工艺条件下的磨损面形貌表现出较大的差异。从各自的宏观形貌上（图5-31a、d、g、j）我们可以发现，四种工艺条件下的磨损面均是以塑变疲劳区域为主，同时存在部分犁沟和磨料嵌入

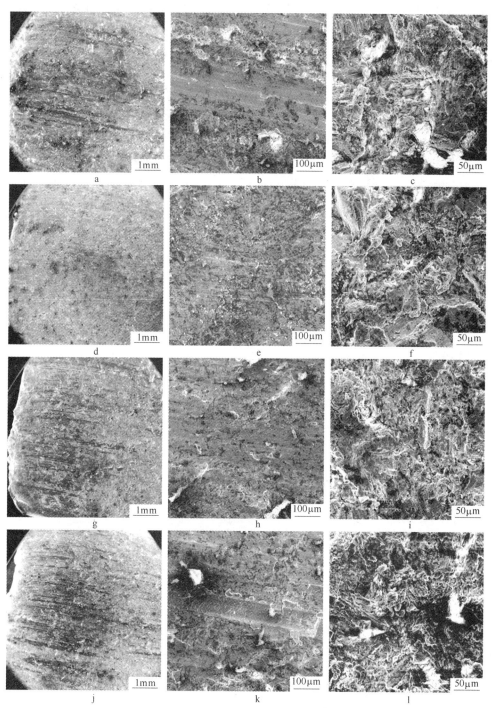

图 5-31 不同工艺下实验钢淬火态磨损表面的 SEM 形貌

a ~ c—UFC + AC + RQ；d ~ f—UFC + FC + RQ；g ~ i—ACC + AC + RQ；j ~ l—DQ + RQ

（图 5-31 中的白亮位置）情况。但在犁沟和磨料嵌入面积上，四种工艺条件下的实验钢表现出较大的差异。其中工艺Ⅳ条件下热处理后得到的犁沟面积最大，其次是工艺Ⅲ和工艺Ⅰ，而工艺Ⅱ条件下热处理后得到的犁沟面积最小；在犁沟深度上，工艺Ⅰ和工艺Ⅳ得到的犁沟深度明显较工艺Ⅱ和工艺Ⅲ要深；在磨料嵌入面积上，工艺Ⅰ条件下离线热处理后得到的面积最多，工艺Ⅲ和工艺Ⅳ次之，而工艺Ⅱ中的磨料嵌入面积最小。

结合各种磨损机理的主要影响因素可知，犁沟和磨料嵌入的形成主要是由切削磨损造成的，而切削磨损的主要影响因素是材料的硬度，即材料的硬度越高，得到的犁沟和磨料嵌入面积越小。对比四种工艺条件下得到实验钢的硬度可以发现，工艺Ⅳ条件下得到的硬度最高，而工艺Ⅰ、Ⅱ和Ⅲ得到的硬度相差不大。很显然该结果与观察到的犁沟和磨料嵌入面积变化趋势不一致。因此，在本实验中，对实验钢产生切削磨损的影响因素还存在其他的原因。结合本实验中热处理前的工艺控制目的可知，实验钢在热处理后存在不同尺寸和数量的析出粒子，析出粒子的存在，可能会对实验钢的切削磨损产生一定的影响。通过本书第 2 章的分析可知，本章中得到的析出粒子 TiC 或 (Ti,Mo)C 具有远超过材料基体的硬度，达到了 3000HV 以上，因此能够较好地抵抗磨料侵入材料的基体中，从而会减少切削磨损的发生。结合四种工艺条件下得到的析出粒子数量可以发现，工艺Ⅳ条件下离线热处理后得到的析出粒子数量最少，而工艺Ⅱ条件下离线热处理后得到析出粒子数量最多，析出粒子的数量越多，抵抗磨料嵌入的作用越强，从而不利于切削磨损的发生，这也是实验钢在工艺Ⅳ条件下得到的硬度虽然最高，但其切削磨损面积却最大的原因。在工艺Ⅰ条件下离线热处理得到实验钢的磨损面形貌上，我们也发现了较多的犁沟和磨料嵌入情况。分析其原因，可能是由于在工艺Ⅰ条件下离线热处理后得到的析出粒子尺寸太小，大部分粒子的尺寸在 5nm 以内，较小的析出粒子，使得实验钢在磨损时磨料主要是接触到实验钢的基体部分，而基体的硬度相对较低，因此也会有利于犁沟的形成。

通过磨损面的形貌分析我们还可以发现，实验钢的磨损面形貌主要由塑变疲劳区域组成，塑变疲劳区域的面积随工艺不同而有所差异。塑变疲劳磨损与实验钢的硬度和断裂韧性的乘积密切相关。结合四种工艺条件下得到的硬度和低温冲击韧性我们可以发现，虽然工艺Ⅳ条件下离线热处理后得到的硬度最高，但是其低温冲击韧性却最低，因此其抗塑变疲劳磨损的能力也较差，这也是实验钢在该工艺条件下得到的磨损失重最大的原因之一。在其他三种工艺条件下，工艺Ⅰ和工艺Ⅲ离线热处理后的硬度和断裂韧性的乘积要大于工艺Ⅱ，但其磨损失重结果却显示出比工艺Ⅱ高，即耐磨性反而比工艺Ⅱ低的现象，与塑变疲劳磨损中的相关结论表现出了相反的实验结果，这也有可能与实验钢中不同析出物的含量有关。在本实验中，析出物的含量除了会给实验钢的强硬度带来变化外，还会对实验钢的晶粒尺寸产生一定的影响。析出物尺寸越小、数量越多，越有利于细化原始奥氏体晶粒尺寸，从而最终细化淬火后得到的马氏体晶粒尺寸。晶粒尺寸的减小，会增大晶界面积，使得裂纹扩展时的阻碍作用增大。而塑变疲劳磨损过程与裂纹的产生和扩展的过程密切相关。实验钢在工艺Ⅱ中得到的析出粒子的数量最多，且尺寸不大，因此可以有效地细化最终得到的组织，从而增强其抗塑变磨损性能。这也是实验钢在工艺Ⅱ条件下虽然其硬度和断裂韧性的乘积小于工艺Ⅰ和工艺Ⅲ，但其磨损性能却高于它们的原因。

通过上述分析可以发现，切削磨损、塑变疲劳磨损除了会受到硬度和断裂韧性的影响之外，还与基体中析出物的数量和尺寸密切相关。在析出物尺寸一定的情况下，增加析出物的数量，也可以提高抗切削磨损和抗塑变疲劳磨损性能。

5.3.5.2　相对耐磨性能研究

将在工艺Ⅱ条件下热轧并进行880℃淬火后得到的实验钢、南钢生产的NGNM500、日本 JFE 生产的 JFE-EH500 以及德国迪林根生产的 DILLI-DUR500V 进行相对耐磨性能测试，测试时分别以 NGNM500、JFE-EH500 和 DILLIDUR500V 三种钢为参照对象，对实验钢的相对耐磨性进行分析，其中三体冲击磨料磨损实验方案见本章5.2.2.5节。

测试前对四种实验钢的硬度进行了分析，得到的结果见表5-6。从表中可以看出，四种实验钢的维氏硬度均超过了510HV，换算成布氏硬度均达到了NM500 的标准要求。对比四种钢的硬度值可以发现，实验钢、南钢生产的耐磨钢 NGNM500 和 JFE 生产的耐磨钢 JFE-EH500 的维氏硬度略高，分别为551.3HV、542.7HV 和 536.2HV，而迪林根生产的耐磨钢 DILLIDUR500V 的维氏硬度则稍低，为 514.0HV。

表 5-6 不同耐磨钢磨损前的硬度

钢 种	实验钢	NGNM500	JFE-EH500	DILLIDUR500V
磨损前硬度 HV	551.3	542.7	536.2	514.0

对四种钢的组织进行分析，结果如图 5-32 所示。从图中可以看出，四种钢的显微组织均由板条马氏体组成，但在马氏体的微观结构形态和大小上略有差异。在实验钢所得到的组织中，由于在成分设计时添加了较多细化晶粒的微合金元素 Ti，且采取了控制轧制和控制热处理工艺，因此得到的原始奥氏体晶粒最为细小，在随后淬火中得到的马氏体中的结构单元也非常细小；而在南钢生产的 NGNM500 组织中，除了观察到较粗大的板条马氏体之外，

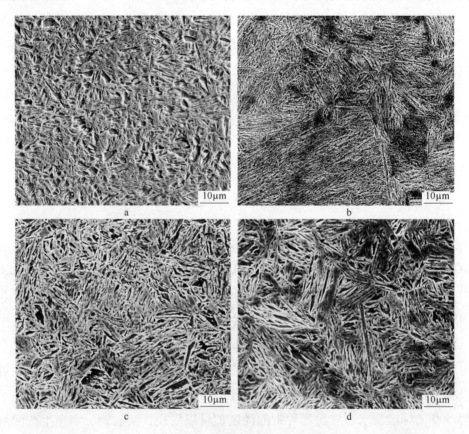

图 5-32 四种测试耐磨钢种的显微组织形貌
a—实验钢；b—NGNM500；c—JFE-EH500；d—DILLIDUR500V

在马氏体的板条界面上还观察到了较多的微小析出物（图 5-32b 中的白亮部分）；从 JFE-EH500 和 DILLIDUR500V 的组织中可以发现，其尺寸相对于南钢生产的 NGNM500 略微细小，但还是明显大于实验钢。

在磨损实验过程中，每隔 30min 对所测试的实验钢进行一次称重，各时间下测得的结果见表 5-7。从表中可以看出，四种钢在相同的时间下磨损失重存在较大的差异。实验钢在各个时间内的磨损失重均小于同一时间段的其他三种钢种，而本课题推广的南钢生产的 NGNM500 次之，其次是日本 JFE 生产的 JFE-EH500，德国迪林根生产的 DILLIDUR500V 磨损失重最大。根据耐磨性的定义可知，四种钢的耐磨性能从高到低的顺序依次为：实验钢、南钢生产的 NGNM500、日本 JFE 生产的 JFE-EH500 和德国迪林根生产的 DILLI-DUR500V。

表 5-7　不同耐磨钢在不同时间内的磨损失重

钢　种	30min 磨损失重/g	60min 磨损失重/g	90min 磨损失重/g
实验钢	0.12991	0.24888	0.35499
NGNM500	0.16638	0.30460	0.43780
JFE-EH500	0.17921	0.32504	0.45253
DILLIDUR500V	0.23932	0.45181	0.61201

分别以南钢生产的 NGNM500、JFE 生产的 JFE-EH500 和德国迪林根生产的 DILLIDUR500V 为参照对象，对实验钢在三体冲击磨料磨损 90min 后的相对耐磨性进行计算，并绘制成柱状图，结果如图 5-33 所示。从图中可以看出，以纳米级碳化物增强板条马氏体的实验钢具有较高的三体冲击磨料磨损

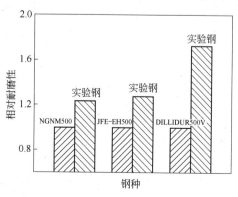

图 5-33　实验钢与南钢、JFE 和迪林根生产的 NM500 在 90min 后相对耐磨性的比较

性能。在相对耐磨性上，纳米析出型实验钢是南钢生产的马氏体耐磨钢 NGNM500 的 1.23 倍、JFE 生产的 JFE-EH500 的 1.28 倍、德国迪林根生产的 DILLIDUR500V 的 1.72 倍，表现出了良好的耐磨性能。

对四种实验钢磨损后近磨损面的硬度也进行了分析，并与各自进行磨损前的硬度进行比较，结果如表 5-8 所示。从表中可以看出，实验钢磨损后的维氏硬度增量最小，为 61HV，而德国迪林根生产的耐磨钢磨损后的维氏硬度增量最多，达到了 76HV。这可能与各自组织的加工硬化能力和淬火后保留的残余奥氏体量的不同有着密切的关系。在得到的实验钢中，其晶粒尺寸最小，细小的晶粒大大地增加了晶界面积，在外加应力较小时不利于加工硬化的发生；而当晶粒尺寸较大时，磨损过程中的大应力会使得粗大的晶界累积叠加在一起，从而产生较强的加工硬化能力；而当外加应力较小时，其加工硬化能力反而会较低。钢中的残余奥氏体量也会对磨损面的硬度产生较大的影响。残余奥氏体的存在，会在磨损过程中冲击时转变成硬度较高的马氏体组织，也会对磨损面起到强化的作用。

表 5-8　各耐磨钢试样在 90min 磨损前后的硬度变化

钢　种	磨前硬度 HV	磨后硬度 HV	硬度增量 HV
实验钢	551.6	612.6	61.0
NGNM500	542.7	605.1	62.4
JFE-EH500	536.2	601.9	65.7
DILLIDUR500V	514.0	590.0	76.0

图 5-34 给出了四种实验钢在 90min 磨损后磨损面的宏观形貌。从图中可以看出，本章中得到的含较多析出粒子的实验钢在磨损面的宏观形貌与南钢生产的 NGNM500 和日本 JFE 生产的 JFE-EH500 得到的磨损面较为接近，均为以塑变疲劳区域为主，同时存在一定的磨料嵌入区域（图中的白亮位置），且无明显的"犁沟"、"犁皱"出现。而在德国迪林根生产的 DILLIDUR500V 磨损面宏观形貌（图 5-34d）上，可明显地观察到少量的"犁沟"区域存在。对四种钢中的磨料嵌入区域进行初步估计发现，南钢生产的 NGNM500 和迪林根生产的 DILLIDUR500V 的磨料嵌入面积要略多于实验钢和 JFE 生产的 JFE-EH500。对比四种实验钢的硬度可以发现，实验钢、NGNM500 和 JFE-EH500 的硬度无论是在磨损前还是在磨损后均比 DILLIDUR500V 要高，较高

的硬度有利于提高实验钢的抗切削磨损性能。这也是仅有 DILLIDUR500V 在磨损后出现少量的犁沟的原因。

图 5-34 实验钢磨损后磨损表面的宏观形貌

a—实验钢；b—NGNM500；c—JFE-EH500；d—DILLIDUR500V

对四种实验钢宏观磨损面形貌上典型区域进行放大分析，结果如图 5-35 所示。从图中可以看出，存在较多析出粒子的实验钢磨损表面较为平滑，在部分塑变疲劳区域存在少量磨料嵌入和部分短而浅的犁沟情况；而在南钢生产的 NGNM500 磨损面上，除了观察到较大的塑变疲劳区域外，还发现了几处较大的磨料嵌入面积，较多磨料的嵌入，加速了磨损的发生，不利于其耐磨性能；在日本 JFE 生产的 JFE-EH500 的磨损面形貌上，能够观察到比较明显的疲劳磨损情况，在部分疲劳区域还发现了少量短而深的犁沟以及一定量的磨料嵌入情况，该部分区域的出现，也会加速磨损的发生，不利于耐磨性能；在德国迪林根生产的 DILLIDUR500V 磨损面形貌上，可以较为明显地观察到部分长而宽的犁沟，在犁沟的周围是塑变疲劳区域，而在犁沟的底部也能观察到部分磨料嵌入基体内部的情况。长而宽的犁沟的出现，会加剧磨损的发生，从而不利于实验钢的耐磨性能。这与实验钢中测得的 DILLIDUR500V 磨损失重较多的现象是一致的。

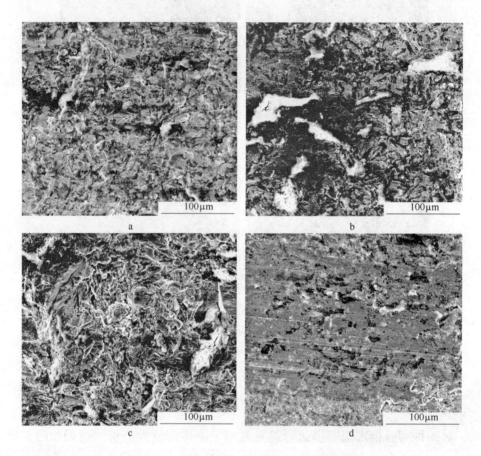

图 5-35　不同钢种试样磨损表面的扫描形貌

a—实验钢；b—NGNM500；c—JFE-EH500；d—DILLIDUR500V

5.3.5.3　纳米析出物增强磨损机理分析

　　根据以上研究结果及分析可以得知，在板条马氏体的基体上分布较多的纳米析出物可以有效地增强实验钢三体冲击磨料磨损性能，然而其耐磨性增强机理还有待进一步深入分析。在本节中，将对该部分进行详细分析。

　　图 5-36 给出了单一板条马氏体和板条马氏体上分布大量纳米析出物的示意图，该图清晰地反映了马氏体板条的结构和纳米析出物在板条界面与内部的分布情况。从图中可以看出，从单一的板条马氏体转变成具有纳米析出物分布的马氏体结构时，由于纳米析出物大量分布的缘故，马氏体中的板条、板条束以及板条块的晶界迁移均会遭受到因纳米析出物的钉扎作用而产生的阻碍作用，从而不利于板条内的位错及板条界面的迁移和扩展。

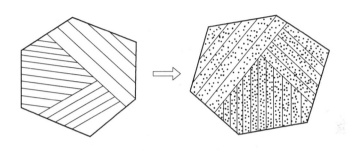

图 5-36　板条马氏体及板条马氏体上分布大量纳米析出物示意图

　　从本章所述实验钢的三体冲击磨料磨损机理可以发现，实验钢在遭受三体冲击磨料磨损时，磨损主要由两部分组成，一是塑变疲劳，该部分主要由实验钢的硬度和断裂韧性的乘积决定；另一部分是微观切削，该部分主要由实验钢的硬度所决定。而塑变疲劳磨损过程，归根结底是一个裂纹产生和扩展的过程，因此，分析实验钢中裂纹的产生和扩展，对增强实验钢的抗塑变疲劳磨损性能有着重要的指导意义。当实验钢中有纳米析出物存在时，由于纳米析出物的钉扎阻碍晶界运动作用，得到的原始奥氏体晶粒通常非常细小（见图 5-25），从而使得淬火后得到的马氏体的晶粒尺寸也会相应的细小。图 5-37 给出了裂纹在单位面积上的单一板条马氏体组织和纳米析出物分布在马氏体组织上的扩展示意图。从图中可以看出，当有纳米析出物产生时，实验钢的晶粒非常细小，裂纹在相同面积的单一马氏体上穿过要比在分布有较多纳米析出物的马氏体上穿过时经历少得多的晶界。晶界的存在，能够起到吸收裂纹扩展时的能量，从而减缓或阻碍裂纹扩展的目的。在具有纳米析出物的马氏体耐磨钢中，细小的组织增加了晶界面积，从而减缓或阻碍了磨损过程中裂纹的扩展，是其塑变疲劳磨损提高的原因之一。

　　而在微观切削磨损的过程中，通过拉宾诺维奇得出的磨损率公式[19]可

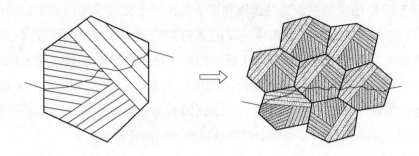

图 5-37 裂纹在单位面积上的板条马氏体及板条马氏体分布纳米析出物扩展示意图

知，其耐磨性的高低与材料的硬度有着直接的关系。图 5-38 给出了单一马氏体基体实验材料遭受切削磨损时的示意图。由于马氏体材料基体的硬度通常情况下会远小于磨料（如石英砂等）的硬度，因此在磨损时磨料会因一定的冲击作用而进入马氏体基体内，在随后的运动过程中，嵌入的磨料会在马氏体基体上形成划痕甚至是犁沟（见图 5-39 右侧图），从而造成切削磨损而使材料失效。

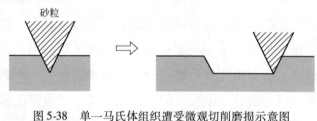

图 5-38 单一马氏体组织遭受微观切削磨损示意图

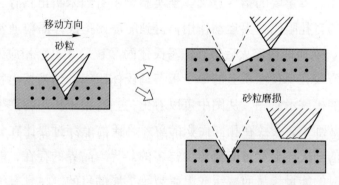

图 5-39 马氏体上分布纳米析出物时遭受微观切削磨损示意图

当马氏体上分布有较多的纳米析出物时，基体材料的硬度会分为马氏体基体的硬度和第二相颗粒纳米析出物的硬度两部分。由于纳米析出物的作用，实验钢会产生一定的析出强化作用，因此，有利于增强实验钢的强度和硬度。强硬度的增加，对抵抗微观切削磨损、减少磨损失重有着积极的作用。

此外，从本书第 2 章有关实验钢中组织设计选择时的分析可以得知，材料中第二相碳化物的硬度会远大于其马氏体组织的硬度，甚至部分还会大于磨料石英砂的硬度。在本实验中，通过控制得到的纳米析出物为 TiC 或（Ti，Mo）C，其维氏硬度在 3000～3200HV 之间，而试验中所采用的磨料石英砂的维氏硬度在 1000～1200HV 之间，即纳米析出物的硬度远大于马氏体基体甚至是磨料石英砂的硬度值。实验钢在遭受微观切削磨损时，磨料会直接接触到部分纳米析出物，由于二者硬度的差异，会使磨料尖锐部分破碎甚至脱落，从而减少了基体的损失，也有利于耐磨性能的提高。另外，由于板条马氏体具有优良的韧塑性能，当第二相纳米颗粒在其上面分布时，板条马氏体可以起到很好的保护第二相颗粒作用，使其在遭受磨损时不会脱落。

综上所述，纳米析出物增强耐磨性的机理可解释为以下三个方面：（1）纳米析出物的钉扎作用，阻碍了原始奥氏体晶粒长大，使得随后得到马氏体的晶界面积大大增多，较多的晶界面积可以吸收更多裂纹扩展时的能量，有利于阻碍裂纹的扩展，从而使得耐磨性能得到提高；（2）纳米析出粒子本身具有远大于磨料的硬度，当磨料与纳米析出粒子直接接触时会发生破碎甚至断裂，可以减少磨料对基体的损伤，而韧性较好的板条马氏体则可以起到保护和支撑纳米析出物的作用，使其在遭受磨损时不会脱落，也可增加其耐磨性能；（3）析出物的析出强化作用使得材料基体的硬度得到提高，也有利于抗耐磨性能的提高。

5.4 本章小结

本章通过对一种高钛微合金纳米析出型耐磨钢进行研究，探讨了纳米析出物在板条马氏体上分布的控制方法，并分析了纳米析出物的控制情况与实验钢的组织、性能和耐磨性能的关系，最终得出一种纳米析出型的高耐磨性耐磨钢。通过实验，分析了连续冷却相变、轧后冷却速率、冷却路径等工艺参数对纳米析出物的影响规律，研究了热轧后得到的析出物在离线热处理过程中的长大和回溶规律，最终开发出一种新型的以"马氏体强韧性基体

+纳米级 TiC （或(Ti,Mo)C） 硬质颗粒状碳化物"为组织的高耐磨性能低合金耐磨钢，同时还对其相对耐磨性和磨损机理进行了分析，最终得出以下结论：

（1）实验钢中的析出能够发生在奥氏体、贝氏体铁素体及马氏体相变阶段。当连续冷却过程中的冷速较小时，析出主要发生在奥氏体相变阶段，此时得到的析出粒子数量较少、尺寸较粗大；当冷速适中时，实验钢中的析出主要发生在贝氏体铁素体相变阶段，此时得到的析出粒子在数量上最多、尺寸上最小；当冷速较大，即发生马氏体相变时，在实验钢中仍然能够观察到少量细小的纳米析出物。

（2）轧后采用超快速冷却（相对于常规层流冷却）冷却至贝氏体区间，可以有效地得到大量尺寸在 5nm 以内的析出粒子；在超快冷后的贝氏体区间进行保温（或缓冷），还可进一步增加析出粒子的数量。

（3）轧后得到析出粒子尺寸较小、数量较多的工艺，即轧后采用超快冷冷却至 630℃ 左右然后随炉冷却至室温，在同等工艺条件下的离线热处理后仍然能够得到尺寸稍大、数量更多的纳米析出粒子。

（4）奥氏体化离线热处理过程会使热轧态得到的碳化物长大甚至溶解。本实验中，实验钢在 860℃ 及以下淬火时，由于析出物的作用，原始奥氏体晶粒长大不明显，当淬火温度超过 880℃ 时，原始奥氏体晶粒发生较为明显的长大。低温回火过程会使实验钢中发生纳米铁碳化合物析出，回火温度过高时，铁碳化合物会转变成 200nm 左右的长条状渗碳体，该类碳化物对实验钢的韧性和耐磨性均有不利作用。

（5）实现了"马氏体强韧性基体 + 纳米级 TiC （或(Ti,Mo)C） 硬质颗粒状碳化物"组织控制方法。即在轧制及轧后冷却阶段尽量控制纳米析出物大量、细小、弥散分布，在离线热处理时对其保留并控制其长大和溶解，从而使得马氏体与析出物共存，得到马氏体-纳米析出物型的实验钢。

（6）对实验中得到的最优纳米析出型耐磨钢的相对耐磨性进行了分析。同等工况条件下其相对耐磨性能是南钢生产的马氏体耐磨钢 NGNM500 的 1.23 倍、JFE 生产的 JFE-EH500 的 1.28 倍、德国迪林根生产的 DILLI-DUR500V 的 1.72 倍，表现出了优异的耐磨性能。

（7）对实验钢中纳米析出物的耐磨性增强的机理进行了分析。即纳米析出物的细晶强化作用，可增加晶界面积，阻碍了裂纹扩展，提高了耐磨性能；纳米析出物本身的超高硬度使得磨料破碎甚至是断裂，减少了磨料直接与基体接触，有利于耐磨性的提高；析出物的析出强化作用使得材料基体的硬度得到提高，也有利于耐磨性能的提高。上述三者的共同作用，使得纳米析出型实验钢具有较高的耐磨性能。

6 系列低合金耐磨钢的工业推广应用

通过实验室的系列实验研究，已基本掌握了低合金耐磨钢的强韧性控制及其与耐磨性能的关系工艺参数，因此，将实验室研究的结果在国内多家钢厂进行了工业化大生产试制，最终实现该类钢的推广应用。由于工业化大生产条件与实验室实验条件存在一定的差别，解决工业化大生产中出现的实际问题及评价工业化试制产品的力学性能和耐磨性能更具有现实的意义。在此，仅对实验钢在国内南京钢铁股份有限公司的试制过程及其得到的结果进行介绍和分析。

6.1 化学成分及工艺控制路线

将本书前部分在实验室研究的无 Ni、Mo 贵重合金元素的低成本实验钢进行 200t 的工业化大炉冶炼，具体冶炼过程中的内控成分、目标成分及最终的冶炼成分结果见表 6-1。从表中的实际冶炼结果可以看出，工业生产条件下的冶炼情况良好，最终冶炼得到的成分均在目标控制范围以内。在危害元素 P、S 的控制上，工业生产的试制钢表现出极其严格的控制水平，为后续得到良好的性能奠定了基础。试制的过程中将连铸坯浇铸成两种规格的坯料，即 220mm 规格和 150mm 规格。其中 220mm 规格的坯料用于轧制 10mm 及以上厚度的成品钢板，而 150mm 规格的坯料用于轧制 10mm 以内的成品钢板。

表 6-1 工业生产的低合金耐磨钢的冶炼化学成分 （质量分数,%）

钢种	C	Si	Mn	P	S	Cr	Ni	Mo	Ti	B	CEV
NM360	0.14	0.30	1.50	≤0.010	≤0.003	0.50	—	—	0.015	0.0020	0.49
NM400	0.17	0.30	1.50	≤0.010	≤0.003	0.50	—	—	0.015	0.0020	0.52
NM450	0.20	0.30	1.50	≤0.010	≤0.003	0.50	—	—	0.015	0.0020	0.55
NM500	0.27	0.30	1.20	≤0.010	≤0.003	0.50	—	—	0.015	0.0020	0.57
NM550	0.31	0.30	1.00	≤0.010	≤0.003	0.60	—	—	0.015	0.0020	0.60
NM600	0.38	0.30	0.80	≤0.010	≤0.003	0.60	—	—	0.015	0.0020	0.63

6.2 轧制及轧后冷却过程工艺控制

在南京钢铁股份有限公司的 3800mm 炉卷轧机上进行 6～60mm 不同厚度规格的工业化轧制。其中板坯的加热温度均为 1200℃±20℃，轧制时 10mm 以内的钢板采用精轧后的最后两道次的炉卷轧机卷取保温，以减少薄规格钢板因散热过快而造成的头尾和边部温度差异，确保轧制后得到良好的板形。而 10mm 及以上规格生产时，均按照常规的中厚板轧制方式进行轧制和待温。表 6-2 给出了生产典型厚度规格 25mm 产品时的道次分配情况。从表中可以看出，该类钢在轧制时均采用了部分道次的大压下率轧制，最大道次的压下率达到了 25.7%。较大的道次压下率，有利于实现钢板晶粒的细化和保证较厚规格心部性能，从而为生产钢板后续得到良好的强韧性打下基础。

表 6-2　25mm 规格低合金耐磨钢轧制时道次分配情况

道 次	轧 制	厚度/mm	压下量/mm	压下率/%
0		220	0	0
1		200.2	19.8	9.81
2		169.7	30.5	15.23
3	粗 轧	140.4	29.3	17.26
4		113.6	26.8	19.10
5		87.3	26.3	23.15
6		64.9	22.4	25.71
7		51.6	13.3	20.53
8		41.8	9.8	18.97
9	精 轧	34.1	7.7	18.34
10		28.7	5.4	15.98
11		25.2	3.5	12.00

轧制时粗轧终轧温度要求高于 1000℃以上，精轧开轧温度约为 920℃，终轧温度约为 850℃，轧后冲中压水进行冷却，冷速约为 10℃/s，水冷的终冷温度约为 630℃，然后空冷至室温。典型规格轧制的板形情况如图 6-1 所示。从图中可以看出，工业化大生产时，轧制态得到的板形较好，无明显的翘头、扣尾和边浪现象出现。在 6mm 规格得到的板形上，除了部分长度上出现极少量的边浪外（见图 6-1a），其余均表现出极高的平直度水平；而在

25mm 规格的板形上，试制钢板表现出极佳的平直度控制水平（见图 6-1b）。

图 6-1　工业化大生产时轧制态得到的部分板形情况

a—6mm；b—25mm

6.3　热处理工艺控制

热处理过程分为淬火和回火两个部分，其中淬火加热在辐射式加热炉中进行，加热温度为 860 ~ 910℃，保温时间根据钢板的厚度分别在 10 ~ 25min 不等，加热保温后进行淬火处理。淬火工艺在东北大学为南京钢铁股份有限公司提供的辊式淬火机上进行。淬火时，其终冷温度要求达到室温左右。回火时采取的温度为 170 ~ 220℃，保温时间为 3 倍的板厚。工业化大生产时得到的部分厚度规格钢板（6mm、8mm）在淬火态和回火态下的照片如图 6-2

图 6-2　NM500 工业化大生产时热处理态的板形情况

a—淬火条件；b—回火条件

所示。从图中可以看出，钢板在淬火和回火后均表现出极佳的板形，未出现明显的板形缺陷。

6.4 显微组织和力学性能分析

图6-3给出了试制钢板在热轧态及热处理后的典型组织情况。从图中可以看出，NM500低合金耐磨钢板在工业生产时热轧态的组织比较细小，以粒状贝氏体为主，同时存在极少量的珠光体组织；在经过淬火和低温回火后钢板的组织变成了全马氏体组织，马氏体非常细小，呈明显的板条状均匀分布。

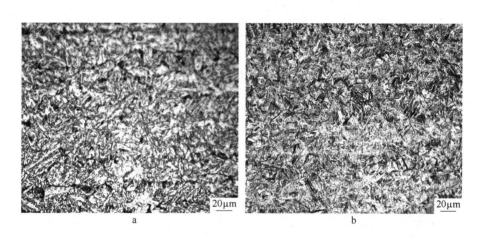

图6-3 工业化大生产时得到的组织（NM500）

a—热轧态；b—热处理后

表6-3给出了工业化大生产各级别低合金耐磨钢板的典型规格的力学性能。从表中可以看出，6～50mm规格的试制钢板均表现出良好的力学性能，尤其是低温冲击韧性上，远超过国家标准要求。从各级别的力学性能的具体数值来看，其中屈服强度均超过了1000MPa，抗拉强度超过了1100MPa，伸长率超过了10%，-40℃低温冲击韧性值均达到了27J以上。

表6-3 系列低合金耐磨钢板工业化大生产时的力学性能

钢种	规格 /mm	屈服强度 $R_{p0.2}$/MPa	抗拉强度 R_m/MPa	伸长率 A_{50}/%	布氏硬度 HBW	低温冲击韧性（-40℃） A_{KV2}/J		
NM360	30	1010	1100	21.0	381	62	94	67
	8	1030	1100	14.5	386	36	38	42
	25	1020	1100	21.0	389	58	73	78
	32	1010	1090	21.0	386	51	56	61

钢种	规格/mm	屈服强度 $R_{p0.2}$/MPa	抗拉强度 R_m/MPa	伸长率 A_{50}/%	布氏硬度 HBW	低温冲击韧性（-40℃）A_{KV2}/J		
NM400	20	1025	1330	16.0	424	54	54	71
	25	1080	1300	18.5	430	55	59	60
	46	1150	1310	17.5	418	43	42	39
NM450	20	1210	1480	16.0	458	41	41	45
	25	1160	1510	14.5	461	46	33	42
	30	1230	1505	15.0	454	37	40	38
NM500	6	1350	1720	12.0	495	23	26	29
	10	1400	1690	13.0	504	29	24	21
	25	1380	1680	17.0	512	36	38	23
	40	1320	1670	18.0	506	33	34	33
	50	1280	1650	17.5	492	29	41	31
NM550	12	1440	1869	17.0	561	37	39	54
	20	1330	1853	14.0	559	36	39	39

注：当钢板厚度小于或等于10mm时，冲击尺寸取5mm×10mm×10mm大小。

图6-4给出了工业化大生产的各级别低合金耐磨钢板的冷弯性能。从图

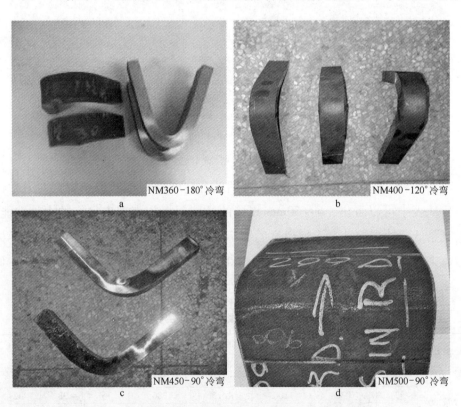

图6-4 系列低合金耐磨钢工业化大生产的弯曲情况

a—NM360；b—NM400；c—NM450；d—NM500

中所得钢板的宏观弯曲照片可以看出，钢板弯曲性能良好，在其背面和侧面均未发现裂纹，满足 90°冷弯不开裂要求。良好的冷弯性能，为该类钢板在工程机械、矿山机械等需要弯曲的耐磨部件方面的使用提供了条件。

6.5 三体冲击磨料磨损性能研究

将所生产的钢板进行三体冲击磨料磨损性能测试。测试实验在东北大学轧制技术及连轧自动化国家重点实验室的 MLD-10 动载磨粒磨损试验机上进行，所选择的的钢板厚度为 25mm，具体的测试方法详见本书 3.2.2.3 节。将其结果与同等工况条件下日本 JFE 公司和德国迪林根公司生产的同类级、同种等规格的钢板进行对比，得到的实验结果见表 6-4 和图 6-5。

表 6-4　系列低合金耐磨钢工业化大生产得到的钢板在不同时间的磨损失重

钢　种	30min 磨损失重/g	60min 磨损失重/g	90min 磨损失重/g	90min 相对耐磨性
Q345	0.4722	1.1210	1.8319	1.00
Q235	0.8552	1.9609	2.6549	0.69
NM400	0.1873	0.3800	0.6210	2.95
JFE-EH400	0.2280	0.4595	0.7121	2.30
NM450	0.1673	0.3400	0.50583	3.59
Hardox450	0.1712	0.3614	0.52101	3.516
NM500	0.12526	0.22445	0.35744	5.13
JFE-EH500	0.15208	0.26937	0.37105	4.937
DILLIDUR500V	0.15974	0.33487	0.46807	3.9137
NM550	0.13474	0.21964	0.30789	5.95
Hardox600	0.12255	0.20150	0.28231	6.48897
NM600	0.12192	0.20417	0.28138	6.51041

从表中可以看出，三种钢均表现出较高的耐磨性能，随着级别的增加，相同时间内的磨损失重逐渐减小。当以 Q345 为参照对象时，本研究工业化大生产推广的耐磨钢的相对耐磨性分别为：NM400 为 Q345 的 2.95 倍，NM450 为 Q345 的 3.59 倍，NM500 为 Q345 的 5.125 倍，NM550 为 Q345 的 5.95 倍，NM600 为 Q345 的 6.51 倍，均表现出极高的耐磨性能。

对工业化大生产得到的各级别耐磨钢板与国外著名公司得到的同级别低合金耐磨钢板的耐磨性做对比，结果见图 6-6。对比时，分别以普碳钢

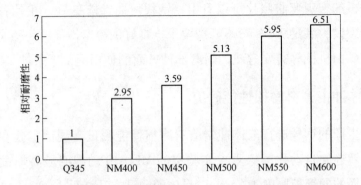

图 6-5　工业化大生产得到不同级别低合金耐磨钢的相对耐磨性

Q345E，日本 JFE 公司生产的 JFE-EH400、JFE-EH500，瑞典 SSAB 生产的 Hardox450 和德国迪林根公司生产的 DILLIDUR500V 为参照对象。从图中可以看出，与国外同类同级别的耐磨钢的耐磨性对比结果表明，本研究得到的低成本低合金耐磨钢耐磨性能良好，其中 NM400 是日本 JFE 生产的 JFE-EH400 的 1.28 倍，NM450 是瑞典 SSAB 生产的 Hardox450 的 1.03 倍，NM500 是日本 JFE 生产的 JFE-EH500 的 1.04 倍、德国迪林根生产的 DILLIDUR500V 的 1.33 倍，NM550 是 Q354 的 5.95 倍，NM600 是 Hardox600 的 1.01 倍，表现出优异的耐磨性能。

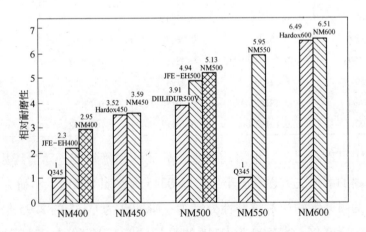

图 6-6　工业化大生产得到不同级别低合金耐磨钢的相对耐磨性对比

　　目前，本研究得到的低成本低合金耐磨钢已在国内首钢、南钢、涟钢、湘钢、武钢及太钢等多家钢铁企业推广应用，生产的产品占据国内市场的

60%以上，迫使国外产品逐渐退出中国市场，并且中国企业生产的产品还出口到英国、澳大利亚等十余个国家和地区；产品的价格从研发初期的近 3 万元/吨降低到目前的不到 1 万元/吨，使以往的"贵族化"钢板变成目前的"大众化"钢板，为我国部分机械装备降低磨损损失、提高寿命作出了较大的贡献。

6.6　本章小结

本章通过对工业大生产的系列低成本耐磨钢的组织、力学性能和三体冲击磨料磨损性能的研究，并对各自级别耐磨钢的相对耐磨性进行分析，最终得出结论如下：

（1）系列低成本低合金耐磨钢 NM360 ~ NM600 工业生产得到的组织均为典型的板条马氏体组织，组织细小均匀。

（2）系列低成本低合金耐磨钢 NM360 ~ NM600 工业推广得到的力学性能结果表明，各级别低合金耐磨钢的力学性能良好，远高于国标水平，其中 NM500 及其以下级别均可满足 90°冷弯不开裂的要求。

（3）工业化大生产得到的各级别低成本低合金耐磨钢的耐磨性测试表明：其中 NM400 为普碳钢 Q345 的 2.95 倍，NM450 为 Q345 的 3.59 倍，NM500 为 Q345 的 5.13 倍，NM550 为 Q345 的 5.95 倍，NM600 为 Q345 的 6.51 倍，均表现出极高的耐磨性能。

（4）与国外同类同级别的耐磨钢的耐磨性对比结果表明，本研究得到的低成本低合金耐磨钢耐磨性能良好，其中 NM400 是日本 JFE 生产的 JFE-EH400 的 1.28 倍，NM450 是瑞典 SSAB 生产的 Hardox450 的 1.03 倍，NM500 是日本 JFE 生产的 JFE-EH500 的 1.04 倍、德国迪林根生产的 DILLIDUR500V 的 1.33 倍，NM550 是 Q354 的 5.95 倍，NM600 是 Hardox600 的 1.01 倍，表现出优异的耐磨性能。

7 结 论

　　本研究首先以高级别的低合金耐磨钢 NM500 为研究对象，通过对其成分、组织进行设计，研究了所设计成分体系下的马氏体、马氏体-铁素体和马氏体-纳米碳化物的控制情况，分析了工艺控制过程与实验钢组织、性能和三体冲击磨损性能的关系，开发出单一马氏体低成本型、马氏体-铁素体高韧性型和马氏体-纳米碳化物高耐磨型的低合金耐磨钢板，最后将研究得出的规律应用于 NM360、NM400、NM450、NM550 和 M600 的研究开发，开发出各级别的低合金耐磨钢板，并将研究的低合金耐磨钢板在国内推广应用，取得了良好的效果。本研究的主要研究结论如下：

　　（1）在低合金耐磨钢中，热处理前采用控制轧制和控制冷却能够细化热处理后的原始奥氏体晶粒尺寸，从而增加实验钢中大角度晶界的比例，提高实验钢的断裂韧性，有利于提高其三体冲击磨料磨损性能。而且原始奥氏体晶粒尺寸与实验钢的硬度和低温冲击韧性均呈现出反比例的关系，即原始奥氏体晶粒尺寸增加时，实验钢的硬度和低温冲击韧性均呈现出近似线性的递减。

　　（2）在低合金耐磨钢中，低温回火时，主要是发生内部碳原子短程扩散和内应力释放。随着回火温度的升高，碳元素不断向原始奥氏体及马氏体板条界面偏聚，从而形成铁碳化物。在铁碳化物形成初期，内应力的释放及细小的铁碳化物形成有利于提高实验钢的断裂韧性且使硬度降低不多，因此，可以增加其耐磨性能；随着回火温度的升高，铁碳化物粗化长大且位错密度降低，使得实验钢的硬度和韧性均降低，对实验钢的耐磨性能不利。三体冲击磨料磨损性能是硬度和低温冲击韧性共同作用的结果，只有在硬度和低温冲击韧性同时增加时才能提高其耐磨性能。

　　（3）轧制及轧后冷却过程可以有效地控制铁素体的体积分数和形态，控制轧制后适度的冷却能够使多边形铁素体变为针状铁素体或粒状贝氏体组织。

在钢中添加少量的合金元素 Mo，有利于促进铁素体的形态由准多边形向针状转变，使实验钢在高温直接轧制条件下即可得到针状铁素体组织；同时，Mo 元素的添加，还可在同等工艺条件下细化实验钢的组织。在同等两相区热处理工艺条件下，初始组织为针状铁素体的实验钢相对于初始组织为多边形铁素体的实验钢可以得到更高的三体冲击磨料磨损性能。

（4）马氏体-铁素体双相耐磨钢中，最佳的两相区热处理温度为 A_{c3} 以下 10℃左右。此时，铁素体的体积分数为 3% ~6%。少量的铁素体组织的存在，有利于提高实验钢的断裂韧性，降低应力集中，从而能够提高其三体冲击磨料磨损性能。当热处理温度在 A_{c3} 以下超过 10℃时，由于软相组织铁素体相的急剧增多，较大幅度地降低了材料的硬度，不利于材料的耐磨性能。

（5）在析出型耐磨钢中，析出能够发生在奥氏体、贝氏体铁素体及马氏体相变阶段。当连续冷却过程中的冷速较小时，析出主要发生在奥氏体相变阶段，此时得到的析出粒子数量较少，尺寸较粗大；当冷速适中时，实验钢中的析出主要发生在贝氏体铁素体相变阶段，此时得到的析出粒子在数量上最多、尺寸上最小；当冷速较大，即发生马氏体相变时，在实验钢中仍然能够观察到少量细小的纳米析出物。轧后采用超快速冷却（相对于常规层流冷却）冷却至贝氏体区间可以有效地得到大量尺寸在 5nm 以内的析出粒子，同时在超快冷后的贝氏体区间保温（或缓冷），还可进一步增加析出粒子的数量。轧后得到析出粒子尺寸较小、数量较多的工艺，在同等工艺条件下的离线热处理后仍然能够得到尺寸稍大、数量更多的纳米析出粒子。

（6）钛微合金化实验钢中，奥氏体化离线热处理过程会使热轧态得到的碳化物长大甚至溶解。本实验中，实验钢在 860℃及以下淬火时，由于析出物的作用，原始奥氏体晶粒长大不明显，当淬火温度超过 880℃时，原始奥氏体晶粒发生较为明显的长大。低温回火过程会使实验钢中发生纳米铁碳化物析出，回火温度过高时，铁碳化物会转变为 200nm 左右的长条状渗碳体，该类碳化物对实验钢的韧性和耐磨性均有不利作用。

（7）"马氏体强韧性基体 + 纳米级 TiC（或（Ti, Mo）C）硬质颗粒状碳化物"组织的控制方法为：轧制及轧后冷却阶段尽量控制纳米析出物的大量、细小、弥散分布，然后进行离线热处理，在离线热处理时对其保留并控制其长大和溶解，从而使马氏体与析出物共存，得到马氏体-纳米析出物型耐磨钢。该类钢相对耐磨性能是南钢生产的马氏体耐磨钢 NGNM500 的 1.23 倍、JFE 生产的 JFE-EH500 的 1.28 倍、德国迪林根生产的 DILLIDUR500V 的 1.72 倍。该类钢增强耐磨性的机理为：纳米析出物的细晶强化作用，增加晶界面积，阻碍了裂纹扩展，提高了耐磨性能；纳米析出物本身的超高硬度使磨料发生破碎甚至断裂，减少了磨料直接与基体接触，有利于耐磨性的提高；析出物的析出强化作用使材料基体的硬度得以增加，也有利于耐磨性能的提高。上述三者的共同作用，使纳米析出型实验钢具有更高的耐磨性能。

（8）低成本型低合金耐磨钢的推广应用结果表明，工业化大生产的低合金耐磨钢组织为典型的板条马氏体组织，力学性能尤其是低温冲击韧性良好，远高于国家标准要求。三体冲击磨料磨损性能测试表明，本研究得到的低成本低合金耐磨钢耐磨性能良好，其中 NM400 是日本 JFE 生产的 JFE-EH400 的 1.28 倍，NM450 是瑞典 SSAB 生产的 Hardox450 的 1.03 倍，NM500 是日本 JFE 生产的 JFE-EH500 的 1.04 倍、德国迪林根生产的 DILLIDUR500V 的 1.33 倍，NM600 是 SSAB 生产的 Hardox600 的 1.01 倍，表现出优异的耐磨性能。

本研究所开发的低合金耐磨钢板的力学性能均高于国家标准要求，实现了低成本、高性能的生产需要，部分产品还出口到英国、西班牙、智利和南非等十余个国家和地区，取得了较好的经济效益。开发的马氏体-铁素体双相耐磨钢具有较高的低温冲击韧性和良好的耐磨性能，可满足部分严寒地带等特殊条件的需求，同时也为得到良好的耐磨性提供了条件。开发的马氏体-纳米析出型耐磨钢具有更高的耐磨性能，能够进一步降低磨损率，提高耐磨性能，从而提高设备的使用寿命，具有较好的应用前景。

参 考 文 献

[1] 温诗涛. 摩擦学原理[M]. 北京：清华大学出版社，1990.

[2] 王洪发. 中国金属耐磨材料的发展态势与未来的发展趋向[J]. 铸造，2010(1)：577 ~ 591.

[3] 符寒光. 耐磨材料 500 问[M]. 北京：机械工业出版社，2011.

[4] 殷瑞钰. 钢的质量现代进展[M]. 北京：冶金工业出版社，1995.

[5] 张增志. 耐磨高锰钢[M]. 北京：冶金工业出版社，2002.

[6] 李树索，陈希杰. 超高锰钢加工硬化及耐磨性[J]. 钢铁研究学报，1997，9(4)：38 ~ 41.

[7] 李树索，陈希杰. 高锰钢的发展与应用[J]. 矿山机械，1998(3)：70 ~ 71.

[8] 石德珂，刘军海. 高锰钢的变形与加工硬化[J]. 金属学报，1989，25(4)：282 ~ 285.

[9] 李茂林. 我国金属耐磨材料的发展和应用[J]. 铸造，2002，51(9)：525 ~ 529.

[10] 子澍. 展望高铬铸铁的发展[J]. 铸造技术，2008，29(10)：1417 ~ 1420.

[11] 任福战，赵维民，王如，等. 高铬铸铁里的碳化物形貌对力学性能的影响[J]. 中国铸造装备与技术，2007(2)：23 ~ 26.

[12] Dogan O N, Hawk J A. Three types of wear of 26Cr white cast iron [J]. AFS Transaction, 1998, 106：625 ~ 631.

[13] Huaqin S, Chongxi T, Xuru Y, et al. Study on raising the impact toughness of wear-resistant high-chromium cast Iron [J]. ASF Trans, 1991(99)：333 ~ 337.

[14] 顾彩香，梁建华，冯正辉，等. 高铬铸铁的应用研究[J]. 上海海运学院学报，2001，11(4)：57 ~ 62.

[15] 陈惠芬，胡静霞. 高铬铸铁中的碳化物研究[J]. 上海应用技术学院学报（自然学科版），2003，3(4)：57 ~ 62.

[16] 李卫. 耐磨钢铁件的市场与生产[J]. 铸造，2004，53(12)：958 ~ 962.

[17] 杨瑞林，李力军，李玉城. 新型低合金高强韧性耐磨钢的研究[J]. 钢铁，1999，34(7)：41 ~ 45.

[18] Ding Houfu, Cui Fangming, Du Xiaodong. Effects of component and microstructure on impact wear property and mechanism of steels in corrosive condition [J]. Materials Science and Engineering A, 2006, 421(1 ~ 2)：161 ~ 167.

[19] Rabinweicz E, Russel P G. A study of abrasive wear under three-body conditions [J]. Wear, 1961, 4(2)：345 ~ 355.

[20] Hertyberg R W. Deformation and fracture mechanics of engineering alloys [M]. New York：John

Willy and Sons, 1976: 458~460.

[21] Quinn T F J. The effect of "hot-spot" temperatures on the unlubricated wear of steel [J]. ASLE Trans, 1967(10): 158~165.

[22] 刘家濬. 在跑合过程中钢表面行为的研究[J]. 机械工程材料, 1986, 10(6): 4~9.

[23] JFEスチールの耐磨耗鋼板[J]. JFE 技報, 2007(18): 72~74.

[24] Grange R A, Hibral C R, Porter L F. Hardness of tempered martensite in carbon and low-alloy steels [J]. Metall. Trans. A, 1977(8A): 1775~1787.

[25] Ishikawa N, Ueda K, Mitao S, et al. Proceedings of the 2011 international symposium on the recent developments in plate steels [C]. AIST Winter Park, 2011: 81~91.

[26] 王建俠, 张清. 不同强化机制合金钢的耐磨性研究[J]. 钢铁研究总院学报, 1988, 8(S1): 83~92.

[27] 郑华毅. 磨料磨损的疲劳机制研究[D]. 北京: 清华大学, 1987.

[28] Murota Y, Abe T, Hashimoto M. High performance steel plates for construction and industrial machinery use [J]. JFE Technical Report, 2005(5): 60~65.

[29] 左优荣, 陈蕴博, 王淼辉, 等. 铁素体/马氏体双相钢的组织及性能[J]. 材料热处理学报, 2010, 31(1): 29~34.

[30] Bag A, Ray K K, Dwarakadasa E S. Influence of martensite content and morphology tensile and impact properties of high-martensite dual-phase [J]. Metallurgical and Materials Transactions, 1999, 30(A): 1193~1201.

[31] Larsen-Basse J. The abrasion resistance of some hardened and tempered carbon steels [J]. Trans AIME, 1966, 236(10): 1461~1466.

[32] 罗丽军. 国外高强度耐磨钢生产概述[J]. 宽厚板, 2008, 14(3): 46~48.

[33] 张宇斌, 秦洁. 高强度耐磨钢板的生产现状及发展[J]. 世界钢铁, 2009(6): 23~26.

[34] 王祖滨, 东涛. 低合金高强度钢[M]. 北京: 原子能出版社, 1999.

[35] Irvine K J, Picketing F B. Low carbon bainitic steels [J]. Journal of Iron and Steel Research, International, 1957, 187: 292~309.

[36] Kang M, Zhang M X, Zhu M. In-situ observation of bainite growth during isothermal holding [J]. Acta Materialia, 2006, 54(8): 2121~2129.

[37] 康沫狂, 张明星, 刘峰, 等. 金属合金等温相变的体激活能及相变机制 I. 钢的中温(贝氏体)等温相变[J]. 金属学报, 2009, 45(1): 25~31.

[38] 康沫狂, 朱明. 淬火合金钢中的奥氏体稳定化[J]. 金属学报, 2005, 41(7): 673~679.

[39] 康沫狂, 等. 钢中贝氏体[M]. 上海: 上海科学技术出版社, 1990.

[40] 康沫狂. 现代材料科学进展[M]. 上海: 上海科学技术出版社, 1990.

[41] 康沫狂，朱明. 关于贝氏体形核和台阶机制的讨论-与徐祖耀院士等商榷[J]. 材料热处理学报，2005，26(2)：1～5.

[42] 康沫狂. 贝氏体与贝氏体钢——纪念康沫狂先生九十华诞论文集[M]. 北京：科学出版社，2009.

[43] 程巨强，徐振华，康沫狂，等. HB400级高强度准贝氏体耐磨钢板的组织与性能[J]. 钢铁，2004，39(7)：58～60.

[44] 郭兵，宋波. 准贝氏体高强耐磨钢的开发和工艺研究[J]. 宽厚板，2006，12(2)：26～31.

[45] 杨福宝，白秉哲，刘东雨，等. 无碳化物贝氏体/马氏体复相高强度钢的组织与性能[J]. 金属学报，2004，40(3)：296～300.

[46] 康沫狂，贾虎生，杨延清，等. 新型系列准贝氏体钢[J]. 金属热处理，1996(12)：3～5.

[47] 王松涛，李敏，朱立新，等. Si含量对热轧板卷表面红色氧化铁皮的影响[J]. 热加工工艺，2011，40(16)：50～52.

[48] Fukagaua T. Mechanism of red scale defect formation in Si-added hot-rolled steel sheets [J]. ISIJ International，1994，34(11)：906～911.

[49] 方鸿生，冯春，郑燕康，等. 新型Mn系空冷贝氏体钢的创制与发展[J]. 热处理，2008，23(3)：2～19.

[50] 黄维刚，方鸿生，郑燕康. 硅和少量钼对Mn_2B系贝氏体钢转变动力学的影响[J]. 金属热处理，1997，22 (10)：25～28.

[51] 方鸿生，刘东雨，徐平光. 贝氏体钢的强韧化途径[J]. 机械工程材料，2001，25(6)：1～5.

[52] 李凤照，顾英妮，姜江，等. 多元微合金化空冷贝氏体钢[J]. 金属学报，1997，33 (5)：492～498.

[53] 李凤照，敖清，姜江，等. 超细组织空冷贝氏体钢[J]. 金属热处理，1998(1)：5～7.

[54] 李凤照，敖清，孟凡妍，等. 贝氏体钢中贝氏体铁素体精细孪晶[J]. 材料热处理学报，2001，22(2)：5～8.

[55] Inoue T，Matsuda S，Okamura Y，et al. The fracture of a low carbon tempered martensite [J]. Transactions of JIM，1970，11(1)：36～43.

[56] 董瀚，李桂芬，陈南平. 高强度30CrNiMnMoB钢的脆性断裂机理[J]. 钢铁，1997，32 (7)：49～53.

[57] 王春芳，王毛球，时捷，等. 17CrNiMo6钢中板条马氏体的形态与晶体学分析[J]，材料热处理学报，2007，28(2)：66～70.

[58] 王春芳, 王毛球, 时捷, 等. 低碳马氏体钢的微观组织及其对强度的影响[J], 钢铁, 2007, 42(11): 57~60.

[59] Speer J G, Matlock D K, Cooman B C, et al. Carbon partitioning into austenite after martensite transformation [J]. Acta Mater, 2003, 51(9): 2611~2622.

[60] 王颖, 张柯, 郭正洪, 等. 残余奥氏体增强低碳 Q-P-T 钢塑性的新效应[J], 金属学报, 2012, 48(6): 641~648.

[61] Wang X D, Zhong N, Rong Y H. Novel ultra high-strength nano lath martensitic steel by quenching-partitioning-tempering process [J]. Journal of Materials Research, 2009, 24(1): 260~267.

[62] 郑楠. 新型马氏体钢冲击磨料磨损性能及磨损机制的研究[D]. 昆明: 昆明理工大学, 2009.

[63] 王存宇, 时捷, 刘苏, 等. 淬火—配分—回火工艺处理钢的三体冲击磨损性能研究[J]. 材料研究学报, 2009, 23(3), 305~310.

[64] 梁高飞, 许振明, 李建国, 等. 抗磨钢的最新进展[J]. 特殊钢, 2002, 23(4): 1~7.

[65] 马幼平, 袁守谦. 马氏体钢耐磨性与亚表层硬度分布的关系[J]. 钢铁研究, 1998(4): 13~15.

[66] 马鸣图, 吴宝榕. 双相钢-物理和力学冶金[M]. 北京: 冶金工业出版社, 1988.

[67] Prodromos Tsipouridis, Ewald Werner, Christian, Krempaszky. Formability of high strength dual-phase steels [J]. Steel Research, 2006, 77 (9~10): 654~667.

[68] Davenport A T. Formable HSLA and dual phase steels [C]. New York: TMSPAIME, 1979.

[69] Kot R A, Morris J W. Stucture and properties of dual-phase steels [M]. New York: AIME, 1979.

[70] Jha A K, Prasad B K, Modi O P, et al. Correlating microstructural features and mechanical properties with abrasion resistance of a high strength low alloy steels [J]. Wear, 2003, 254: 120~128.

[71] Tyagi R, Nath S K, Ray S. Dry sliding friction and wear in plain carbon dual phase steels [J]. Metall. Mater Trans A, 2001, 32: 359~367.

[72] Wayne S F, Rice S L, Minakawa K, et al. The role of microstructure in the wear of selected steels [J]. Wear, 1983, 85: 93~106.

[73] Saghafian H, Kheirandish S. Correlating microstructural features with wear resistance of dual phase steel [J]. Materials Letters, 2007, 61: 3059~3063.

[74] Sawa M, Rigney D A. Sliding behavior of dual phase steels in vacuum and in air [J]. Wear, 1987, 119(3): 369~390.

[75] Tomita Y, Okabayashi K. Improvement in lower temperature mechanical properties of 0. 40 Pct C-Ni-Cr-Mo ultrahigh strength steel with the second phase lower bainite [J]. Metallurgical Transactions A, 1983, 14(2): 485~492.

[76] 王勇围. 低碳 Mn 系空冷贝氏体钢的强韧性优化研究[D]. 北京: 清华大学, 2009.

[77] 章立群, 刘自成, 刘东雨, 等. Mn 系贝氏体/马氏体复相钢的研究及应用进展[J]. 金属热处理, 2006, 31(12): 2~6.

[78] 方鸿生, 郑燕康, 周欣. 中碳贝氏体/马氏体复相组织强韧性的研究[J]. 金属热处理学报, 1986, 7(1): 10~18.

[79] 方鸿生, 郑燕康, 陈秀云, 等. 空冷贝氏体型少热处理钢[J]. 金属热处理, 1985, 10(9): 3~8.

[80] Fang H S, Liu D Y, Chang K D, et al. Microstructure and properties of 1500MPa economical bainite/martensite duplex phase steel [J]. Journal of Iron and Steel Research, 2001, 13(3): 31.

[81] 司鹏程, 赖瑞福. 下贝氏体-马氏体耐磨钢的研制[J]. 金属热处理, 1994(8): 9~13.

[82] 朱永长, 荣守范, 张守文, 等. 硅对中碳低合金贝氏体/马氏体复相耐磨钢的影响[J]. 佳木斯大学学报(自然科学版), 2009, 27(6): 875~877.

[83] Xu Zhenming, Li Tianxiao, Li Jianguo. Microstructure and properties of austenite-bainite steel matrix wear resistant composite reinforced by granular eutectics [J]. Journal of Materials Science, 2001, 36(18): 4543~4550.

[84] 江利, 张永忠, 沈寒领. 奥氏体-贝氏体耐磨钢控制冷却热处理试验研究[J]. 热加工工艺, 1999(1): 23~25.

[85] 王华明, 张清, 邵荷生. 新型高强韧性高耐磨性奥氏体-贝氏体钢[J]. 材料科学进展, 1991, 5(1): 6~10.

[86] Eyre T S. Wear characteristics of metals [J]. Tribology International, 1976, 11(5): 203~212.

[87] 刘家浚. 材料磨损原理及其耐磨性[M]. 北京: 清华大学出版社, 1993.

[88] 何奖爱, 王玉玮. 材料磨损与耐磨材料[M]. 沈阳: 东北大学出版社, 2001.

[89] K. -H. 哈比希. 材料的磨损与硬度[M]. 北京: 机械工业出版社, 1987.

[90] 高彩桥. 材料的粘着磨损与疲劳磨损[M]. 北京: 机械工业出版社, 1989.

[91] 周仲荣, Léo Vincent. 微动磨损[M]. 北京: 科学出版社, 2002.

[92] 刘正林. 摩擦学原理[M]. 北京: 高等教育出版社, 2009.

[93] Murota Y, Abe T, Hashimoto M. High performance steel plates for construction and industrial machinery use [J]. JFE Technical Report, 2005(5): 60~65.

[94] 仝健民. 低合金耐磨钢的合金设计[J]. 机械工程材料, 1990(3)：32~35.

[95] 杜晓东. 成分与组织对钢的冲击腐蚀磨损特性与机制的影响及其机理研究[D]. 合肥：合肥工业大学, 2006.

[96] Lee W B, Hong S G, Park C G, et al. Influence of Mo on precipitation hardening in hot rolled HSLA steels containing Nb [J]. Scripta Materialia, 2000, 43(4)：319~324.

[97] Kong Junhua, Zhen Lin, Guo Bin, et al. Influence of Mo content on microstructure and mechanical properties of high strength pipeline steel [J]. Material & Design, 2004, 25(8)：723~728.

[98] Suzuli S, Tanino K, Waseda Y, Phosphorus and boron segregation at prior austenite grain boundaries in low alloyed steel [J]. ISIJ international, 2002, 42(6)：676~678.

[99] Bepari M M A, Shorowordi K M. Effect of molybdenum and nickel additions on the structure and properties of carburized and hardened low carbon steels [J]. Journal of Materials Processing Technology, 2004：155~156.

[100] Thompson S W, Col D J V, Krauss G. Continuous cooling transformations and microstructures in a low-carbon, high-strength low-alloy plate steel [J]. Metallurgical Transactions A, 1990, 6(21)：1493~1507.

[101] 曹艺, 王昭东, 吴迪, 等. Mo 和 Ni 对低合金耐磨钢连续冷却转变的影响[J]. 材料热处理学报, 2011, 32(5)：74~78.

[102] Ollilainen V, kasprzak W, Holappa L. The effect of silicon, vanadium and nitrogen on the microstructure and hardness of air cooled medium carbon low alloy steels [J]. Journal of Materials Processing Technology, 2003, 134(3)：405~412.

[103] 汪剑, 江利, 闫菲, 等. 抗磨材料的研发思路探讨[J]. 矿山机械, 2009, 34(7)：21~25.

[104] 郝石坚. 高铬耐磨铸铁[M]. 北京：煤炭工业出版社, 1990.

[105] 李浩. 高铬铸铁中碳化物生长形态的研究[D]. 西安：西北工业大学, 2007.

[106] 苏俊义. 铬系抗磨铸铁[M]. 北京：西安交通大学出版社, 1991.

[107] Hwang K C, Lee S, Lee H C. Effects of alloying elements on microstructure and fracture properties of cast high speed steel rolls part I: microstructural analysis [J]. Materials Science and Engineering A, 1998, 254：282~295.

[108] 魏世忠, 韩明儒, 徐流杰. 高钒高速钢耐磨材料[M]. 北京：科学出版社, 2009.

[109] 张国赏, 魏世忠, 韩明儒, 等. 颗粒增强钢铁基复合材料[M]. 北京：科学出版社, 2013.

[110] 吴承建, 陈国良, 强文江, 等. 金属材料学[M]. 北京：冶金工业出版社, 2000.

[111] 马莉，王毛球，徐香秋，等. 铌硼微合金化齿轮钢的晶粒尺寸及淬透性[J]. 材料热处理学报，2009，30(5)：74～78.

[112] 徐祖耀. 马氏体相变与马氏体[M]. 北京：科学出版社，1999.

[113] Marder J M, Marder A R. The morphology of iron-nickel massive martensite [J]. Transactions of American Society for Metals, 1969, 62(1)：1～10.

[114] Marder A R, Krauss G. The formation of low-carbon martensite in Fe-C alloys [J]. Transactions of American Society for Metals, 1969, 62(4)：957～964.

[115] Roberts M J. Effect of transformation substructure on the strength and toughness of Fe-Mn alloys [J]. Metallurgical Transactions A, 1970, 1(12)：3287～3294.

[116] Morito S, Tanaka H, Konishi R, et al. The morphology and crystallography of lath martensite in Fe-C alloys [J]. Acta Materialia, 2003, 51(6)：1789～1799.

[117] 胡光立，谢希文. 钢的热处理-原理和工艺(修订版)[M]. 西安：西北工业大学出版社，1993.

[118] Yi J J, Kim I S, Choi H S. Austenitization during intercritical annealing of an Fe-C-Si-Mn dual-phase steel [J]. Metallurgical and Materials Transactions A, 1985；16(7)：1237～1245.

[119] 王春芳. 低合金马氏体钢强韧性组织控制单元的研究[D]. 北京：钢铁研究总院，2008.

[120] Nohava J, Hausild P, Karlik M, et al. Electron backscattering diffraction analysis of secondary cleavage cracks in a reactor pressure vessel steel [J]. Materials Characterization, 2003, 49(3)：211～217.

[121] Williams O, Randle V, Spellward P, et al. Grain boundary and fracture analysis of Fe-C-P steel [J]. Materials Science and Technology, 2000, 16(11～12)：1372～1375.

[122] 王春芳，时捷，王毛球，等. EBSD 分析技术及其在钢铁材料研究中的应用[J]. 钢铁研究学报，2007，19(4)：6～11.

[123] 曹圣泉，张津徐，吴建生. IF 钢再结晶晶粒尺寸、显微织构和晶界特征分布的 EBSD 研究[J]. 理化检验-物理分册，2004，40(4)：163～167.

[124] 陈家光. 晶体取向显微成像术在钢铁材料研究中的应用[C]//中国金属学会. 中国钢铁年会论文集. 北京：冶金工业出版社，2001：733～737.

[125] Hwang B, Kim Y G, Lee S, et al. Effective grain size and charpy impact properties of high toughness X70 pipeline steels [J]. Metallurgical and Materials Transactions A, 2005, 36(8)：2107～2114.

[126] Wright S I, Adams B L. Automatic analysis of electron back-scatter diffraction patterns [J]. Metallurgical Transactions A, 1992, 23(3)：759～767.

[127] Williams O, Randle V, Spellward P, et al. Grain boundary and fracture analysis of Fe-C-P Steel [J]. Materials Science and Technology, 2000, 16 (11 ~ 12): 1372 ~ 1375.

[128] 钟士红. 钢的回火工艺和回火方程[M]. 北京: 机械工业出版社, 1993: 94.

[129] 胡光亚, 谢希文. 钢的热处理[M]. 西安: 西北工业大学出版社, 2010.

[130] 刘永铨. 钢的热处理(修订版)[M]. 北京: 冶金工业出版社, 1986: 7 ~ 10.

[131] 李红英. 金属拉伸试样的断口分析[J]. 山西大同大学学报 (自然科学版), 2011, 27 (1): 77 ~ 79.

[132] Robinowicz Z. Friction and wear of materials [M]. New York: John Willy and Sons, 1965: 74.

[133] 陈南平, 刘家浚. 材料磨损研究的现状与趋势[J]. 材料科学进展, 1987, 1(2): 3 ~ 9.

[134] Bag A, Ray K K, Dwarakadasa E S. Influence of martensite content and morphology tensile and impact properties of high-martensite dual-phase [J]. Metallurgical and Materials Transactions A, 1999, 30(5): 1193 ~ 1201.

[135] Sarwar M, Priestner R. Influence of ferrite-martensite microstructural morphology on tensile properties of dual-phase steel [J]. Journal of Materials Science, 1996, 31(8): 2091 ~ 2095.

[136] Lis J, Lis A K, Kolan C. Processing and properties of C-Mn steel with dual-phase microstructure [J]. Journal of Materials Processing Technology, 2005(162 ~ 163): 350 ~ 354.

[137] Tavares S S M, Pedroza P D, Teodosio J R, et al. Mechanical properties of a quenched and tempered dual phase steel [J]. Scripta Materialia, 1999, 40(8): 887 ~ 892.

[138] Erdogan M. The effect of new ferrite content on the tensile fracture behaviour of dual phase steels [J]. Journal of Materials Science, 2002, 37(17): 3623 ~ 3630.

[139] Rocha R O, Melo T M F, Pereloma E V, et al. Microstructural evolution at the initial stages of continuous annealing of cold rolled dual-phase steel [J]. Materials Science and Engineering A, 2005, 391(1 ~ 2): 2296 ~ 2304.

[140] 王传雅. 钢的亚温处理-临界区双相超细化强韧化理论及工艺[M]. 北京: 中国铁道出版社, 2003.

[141] 吴玉萍, 肖昌利. 低合金钢亚温淬火强韧化研究[J]. 理化检验-物理分册, 1997, 33 (2): 11 ~ 12.

[142] 王传雅. 钢的亚温淬火[J]. 金属热处理, 1980(2): 1 ~ 15.

[143] El-Sesy I A, El-Baradie Z M. Influence carbon and/or iron carbide on the structure and properties of dual-phase steels [J]. Materials Letters 2002, 57(3): 580 ~ 585.

[144] Tayanc M, Aytac A, Bayram A. The effect of carbon content on fatigue strength of dual-phase

steels [J]. Materials & Design, 2007, 28(6): 1827～1835.

[145] Sarwar M, Priestner R. Influence of ferrite-martensite microstructural morphology on tensile properties of dual-phase steel [J]. Journal of Materials Science, 1996, 31(8): 2091～2095.

[146] Erdogan M. The effect of new ferrite content on the tensile fracture behaviour of dual phase steels [J]. Journal of Materials Science, 2002, 37(17): 3623～3630.

[147] Rocha R O, Melo T M F, Pereloma E V, et al. Microstructural evolution at the initial stages of continuous annealing of cold rolled dual-phase steel [J]. Materials Science and Engineering A, 2005, 391(1～2): 2296～2304.

[148] Yi J J, Kim I S, Choi H S. Austenitization during intercritical annealing of an Fe-C-Si-Mn dual-phase steel [J]. Metallurgical and Materials Transactions A, 1985, 16(7): 1237～1245.

[149] Sundström Ann, Rendóna José, Olsson Mikael. Wear behaviour of some low alloyed steels under combined impact/abrasion contact conditions [J]. Wear, 2001, 250(1～2): 744～754.

[150] Bag A, Ray K K, Dwarkadasa E S. Influence of martensite content and morphology on the toughness and fatigue behavior of high-martensite dual-phase steels [J]. Metallurgical and Materials Transactions A, 2001, 32(9): 2207～2217.

[151] Movahed P, Kolahgar S, Marashi S P H, et al. The effect of intercritical heat treatment temperature on the tensile properties and work hardening behavior of ferrite-martensite dual phase steel sheets [J]. Material Science and Engineering A, 2009, 518(1～2): 1～6.

[152] Koo J Y, Young M J, Thomas G. On the law of mixtures in dual-phase steels [J]. Metallurgical Transactions A, 1980, 11(5): 852～854.

[153] 计云萍, 刘宗昌, 任惠萍. 钢中马氏体的孪晶亚结构[J]. 材料热处理学报, 2013, 34(4): 162～165.

[154] Speich G R. Physical metallurgy of dual-phase steels. in: fundamentals of dual-phase steels [J]. The Metallurgical Society, 1981: 43～45.

[155] Moore M A, King F S. Abrasive wear of brittle solids [J]. Wear, 1980, 60(1): 123～140.

[156] Chang Kyu Kim, Yong Chan Kim, Jong Ⅱ Park, et al. Effects of alloying elements on microstructure, hardness and fracture toughness of centrifugally cast high-speed steel rolls [J]. Metallurgical and Materials Transactions A, 2005, 36(1): 87～97.

[157] Wei S Z, Zhu J H, Xu L J. Effects of vanadium and carbon on microstructures and abrasive wear resistance of high speed steel [J]. Tribology International, 2006, 39: 641～648.

[158] 葛辽海, 刘海峰, 刘耀辉, 等. 高碳高钒系高速钢耐磨性研究[J]. 电子显微学报, 2002, 19(4): 549～550.

[159] 徐流杰, 魏世忠, 张永振, 等. 轧辊用高钒高速钢的滚-滑动磨损性能及失效行为研究

［J］. 摩擦学学报，2009，29（1）：55～60.

［160］ 魏世忠，朱金华，龙锐. 热处理对高钒高速钢组织与性能的影响［J］. 金属热处理，
2005，30（6）：65～69.

［161］ 马陟祚，张永振，魏世忠，等. 高钒高速钢冲击磨损性能与机理的研究［J］. 摩擦学学
报，2006，26（2）：169～173.

［162］ Yen H W，Huang C Y，Yang J R. Characterization of interphase-precipitated nanometer-sized
carbides in a Ti-Mo-bearing steel［J］. Scripta Mater，2009，61（6）：616～619.

［163］ Funakawa Y，Shiozaki T，Tomita K，et al. Development of high strength hot-rolled sheet steel
consisting of ferrite and nanometer-sized carbides［J］. ISIJ International，2004，44（11）：
1945～1951.

［164］ Timokhina I B，Hodgson P D，Ringer S P，et al. Precipitate characterisation of an advanced
high-strength low-alloy（HSLA）steel using atom probe tomography［J］. Scripta Mater，2007，
56（7）：601～604.

［165］ Kong J，Xie C. Effect of molybdenum on continuous cooling bainite transformation of low-car-
bon microalloyed steel［J］. Materials and Design，2006，27（10）：1169～1173.

［166］ Yvonne van Leeuwe，Marcel Onink，Jilt Siet sma，et al. The γ-α transformation kinetics of
low carbon steels under ultra-fast cooling conditions［J］. ISIJ International，2001，41（9）：
1037～1046.

［167］ Ouchi C. Development of steel plates by intensive use of TMCP and direct quenching processes
［J］. ISIJ International，2001，41（6）：542～553.

［168］ Kelly P M，Nutting J. The martensite transformation in carbon steels［J］. Proceedings of the
Royal Society A，1960，259（4）：45～57.

［169］ 雍岐龙，钢铁材料中的第二相［M］. 北京：冶金工业出版社，2006.

［170］ Tamura I. Deformation-induced martensitic transformation and transformation-induced plasticity
in steels［J］. Materials Science and Technology，1982，16（5）：245～253.

［171］ 肖桂枝，朱伏先，邸洪双，等. SPV490Q 钢调质热处理工艺研究［J］. 钢铁，2009，44
（7）：66～70.

［172］ 惠卫军，董瀚，王毛球，等. 淬火温度对 Cr-Mo-V 系低合金高强度钢力学性能的影响
［J］. 金属热处理，2002，27（3）：14～16.

［173］ 杨才福，张永权，刘天军. 10Ni5CrMoV 钢低温冲击断裂行为研究［J］. 材料开发与应
用，1997，12（6）：2～5.